# 跨越式成长

## 转换思维成就精彩人生

韩 博/著

中华工商联合出版社

图书在版编目(CIP)数据

跨越式成长：转换思维成就精彩人生 / 韩博著. —
北京：中华工商联合出版社，2023.7
ISBN 978-7-5158-3722-2

Ⅰ.①跨⋯ Ⅱ.①韩⋯ Ⅲ.①成功心理－通俗读物
Ⅳ.①B848.4–49

中国国家版本馆CIP数据核字（2023）第 140947 号

## 跨越式成长：转换思维成就精彩人生

| | |
|---|---|
| 作　　者： | 韩　博 |
| 出 品 人： | 刘　刚 |
| 责任编辑： | 胡小英 |
| 装帧设计： | 周　源 |
| 排版设计： | 水京方设计 |
| 责任审读： | 付德华 |
| 责任印制： | 陈德松 |
| 出版发行： | 中华工商联合出版社有限责任公司 |
| 印　　刷： | 北京毅峰迅捷印刷有限公司 |
| 版　　次： | 2024 年 1 月第 1 版 |
| 印　　次： | 2024 年 1 月第 1 次印刷 |
| 开　　本： | 710mm×1020mm　1/16 |
| 字　　数： | 180 千字 |
| 印　　张： | 15 |
| 书　　号： | ISBN 978-7-5158-3722-2 |
| 定　　价： | 58.00 元 |

服务热线：010－58301130－0（前台）
销售热线：010－58302977（网店部）
　　　　　010－58302166（门店部）
　　　　　010－58302837（馆配部、新媒体部）
　　　　　010－58302813（团购部）
地址邮编：北京市西城区西环广场A座
　　　　　19－20 层，100044
http://www.chgslcbs.cn
投稿热线：010－58302907（总编室）
投稿邮箱：1621239583@qq.com

**工商联版图书**
**版权所有　侵权必究**

凡本社图书出现印装质量问题，请与印务部联系。

联系电话：010－58302915

# 序 PREFACE

子曰："知者乐水，仁者乐山；知者动，仁者静；知者乐，仁者寿。"孔夫子以山水形容仁者智者，形象生动而又深刻。这正如朱熹在《论语集注》里面的讨论："没有对仁和智极其深刻的体悟，绝对不能作出这样的形容。"

世俗一点讲，这里的智者我们姑且就理解为那些通过自己的超凡智慧而活出精彩人生的那些人吧。他们处事果断，反应敏捷而又思想活跃。显然，成为这样的一位智者是我们每个人的追求，即使力不能及，也会心向往之。

当然，对于究竟活出怎么的人生才算精彩，每一个人的认知都有不同的标准。但凡是能活出自己精彩人生的人，他们的快速成长必然带有一定的共性因素。

在印度流传着这样一个故事。

一位少年立志要成为一个成功的人，可是他不知道怎样的人才能算是成功的人。于是，他不远万里去请教一位老者。

少年问："我想成为一个成功的人，请您告诉我，怎样才能成为一个成功的人。"

老者听后，看着这个少年，笑着说："在你这个年龄就有这样的想法，真是很难得。成功者其实也就是智者，智者也就是一个自己快乐，也能够让别人快乐的人。"

少年认真地听着，对于老者的话还是不能理解，于是又问道："那怎样做才能既让自己快乐，也让他人快乐呢？"

"你只要记住四句话，就可以做到了。"老者回答说，"第一句就是'把自己当成别人'。"

"把自己当成别人？"少年重复着，"是不是就是说不要被自己的情绪所完全掌控，痛苦的时候把自己当成别人，痛苦就会减轻一点；得意忘形的时候，把自己当成别人，就能重新审视自己，发现自己的不足之处？"

老者微微点头，他很满意少年的解读。然后接着说："第二句话是'把别人当成自己'。"

少年想了一会儿，说："这句话的意思就是，我要做到设身处地地去为他人着想，这样才能够做到真正地了解别人的难处，了解别人的需求。"

老者没有想到少年的悟性如此之高，不由得两眼放光，继续说道："第三句话是'把别人当成别人'。"

少年沉思了许久，说："这就是说每个人都有自己独立的一面，所以我要尊重别人的隐私。"

## 序

老者听后哈哈大笑，连忙说道："不错，不错！这第四句话有些难懂，你可以留在以后的日子中慢慢体会！这句话就是'把自己当成自己'。"

少年冥思苦想了许久，也没有想到是什么意思，只好说："我是一时体会不出这第四句话的含义。但是我觉得这四句话之间就有许多自相矛盾的地方，我要怎样才能把它们统一起来呢？"

老者说："这就需要你用一生的时间去经历和体会了。"

少年听后，轻轻地点点头，然后叩首告别。

后来这个少年长大了，然后到了那个老者一样的年龄，很多人跋山涉水来向他请教成功之道。

其实，把自己当成自己是最简单的事情，也是最难的事情。自己本身就是自己，但是在滚滚红尘中，就很容易变成"别人"。在理解他人，帮助他人，学习他人的情况下，仍然能够保持自我的本色，是一件很不容易的事情，完善自己，不是让自己变成和优秀的人一样优秀的人，而是比优秀的人更加优秀，比从前的自己更加优秀的人。这样你才能算是成功之人。

"把自己当成别人"是"忘我"；

"把别人当成自己"是"慈悲"；

"把别人当成别人"是"智慧"；

"把自己当成自己"是"境界"。

你只有做到前三句话，你才能达到第四句的境界，这是需要我们用一辈子去经历的。

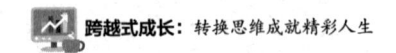

成功的人是无处不在的,他们之所以能够成功,是因为他们不会浪费时间,反而可以转化思维和心态,不断认识自己,宽容他人,面对金钱依然秉持自己的原则,这不但不会影响他们的事业,反而会令他们成为事业中的佼佼者,同时,成功的人会处理好和朋友之间的关系,总会及时地去感恩生命中的每个人。

希望我们都可以如故事中的少年,在自己的人生路上成为永不迷路的前行者,也成为指导他人的引路人,慢慢活出自己真正想要的人生。

# 目录 CONTENTS

## 第一章
## 停止无用内耗，你就会遇到更强大的自己

每天留出一点时间来思考 // 002

再惨的局，也能走出一盘好棋 // 006

谦虚有度，不自我矮化 // 009

抓住"牛尾巴"，机会只有1分钟 // 012

别自我设限，跳出你的最高度 // 015

"单纯"是人生路上最轻的行李 // 018

德者，得也：小胜靠智，大胜靠德 // 022

猜疑是心魔 // 025

人生随时可以重新开始 // 028

从失败中寻找的出路距离成功最近 // 032

成为自己：找回生命本来的样子 // 034

常常向后看的人，也失去了向前看的可能 // 039

## 第二章
## 厘清交际边界，做个受人欢迎的人

做人如铜钱，外圆而内方　　// 044

你的微笑即种子，他人即土地　　// 047

为人处世的白金法则：合理的赞美　　// 050

给嘴巴找个"守门员"　　// 053

真正的清醒，是难得糊涂　　// 056

真正的高手都懂得退让　　// 059

不想吃亏，必吃大亏　　// 063

把敌人变朋友　　// 066

言而有信，人恒信之　　// 069

高调做事，低调做人　　// 072

所谓人情世故，就是巧妙处理尴尬　　// 076

所谓情商高，就是会说话　　// 079

## 第三章
## 认清生活本质，你就会成为财富的主人

依靠诚信获得永恒的财富　　// 086

永远不吃免费的午餐　　// 089

不要丢了西瓜捡芝麻　　// 093

## 目 录

会挣钱，更要会花钱 // 097
金子不能种在地下 // 099
最好的理财是给自己投资 // 102
聪明才智是财富的"保险箱" // 106
赚钱，要适可而止 // 110
金钱并非你唯一的财富 // 113
君子爱财，取之有道 // 116

### 第四章
### 突破思维陷阱，你就会提升工作的能力

工作不仅仅是保住饭碗 // 120
你的第一印象价值百万 // 124
像第一天那样去工作 // 127
攀上最高峰，首先要站在山脚下 // 131
学他人长处，补自己不足 // 135
人无远虑，必有近忧 // 138
与时俱进，做只"领头羊" // 142
不要耻于"示弱求助" // 144
同事之间，不远不近最相宜 // 147
你可以链接任何人 // 150

为自己创造腾飞的机会　//　152

别让抱怨毁了你的才气　//　156

是千里马，总会遇见伯乐　//　158

第五章
## 把控友情尺度，与人相处融洽自在

道不同不相为谋　//　164

栽友情之树，开信任之花　//　167

学会倾听，重拾失落的沟通　//　169

君子之交，不出恶语　//　172

让朋友表现得比你更优秀　//　175

不可透支的友情资源　//　179

许诺量力而行，承诺势在必行　//　182

道歉的力量无与伦比　//　185

忠言常逆耳，美言常害人　//　188

朋友是自己成长的一面镜子　//　191

适度距离，让友情更长久　//　194

目　录

第六章
拥有感恩之心，你就会在生命中一路发光

读懂父母的寂寞 // 198
不以爱的名义控制对方 // 201
亲密关系中的"刺猬法则" // 204
温柔地原谅 // 208
爱要勇敢说出口 // 213
相互欣赏是爱情的"保鲜膜" // 215
把亲人种在心里 // 218
曾经爱过，就是美好 // 221
"感恩"是张通行证 // 224

# 第一章
## CHAPTER 01

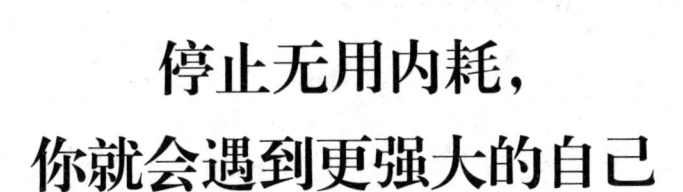

# 停止无用内耗，
# 你就会遇到更强大的自己

在这个世界上只有你能真正帮助你自己。只有你在思考，你在行动，你把自己当作是自己人生戏剧的真正主角，这个现存世界的一切才能通过你的头脑、你的身体，对你发生意义！

## 每天留出一点时间来思考

如今，社会发展的脚步快了，人们为了跟上社会发展的脚步，也不由得加快了自己的脚步，跟着身边的每一个人，行色匆匆，很少有人会停下脚步，思考一下自己现在的人生。

所以当我们面对生活中的一些难题时，就会感到束手无策，这时只要我们停下忙碌的脚步，留下一些时间去思考，勇于另辟思想的新径，很多问题都可以迎刃而解，同时也会使我们不断地获得进步。女儿读幼儿园的时候，在我身边就有这样一个事例。

有一次，在小区里发现了一个名为"小米粒"的家庭餐厅。每天从那里路过，都忍不住会想，它为什么叫作"小米粒"。没等我去一探究竟，女儿就和我提起了这件事。

那天女儿放学一见到我就说："爸爸，星期六你能不能带我也去'小米粒'吃饭，我同学天天中午都在那里吃饭，他说那里的饭特别好吃。"为了满足女儿的好奇心理,我答应了她。

周六我们来到了"小米粒",当老板娘把做好的饭菜放在我们面前时,我和女儿都不由得张大了嘴巴,惊叹道:"这是我们平时吃的饭吗?"摆在我们眼前的分明是动画片中的猪八戒,白白的米饭是肚皮,土豆牛肉像袈裟一样"披在"米饭上。大大的肚子上好有一个宽宽的、海带做成的腰带,脸是南瓜泥,眼睛是黑豆,耳朵是火腿片。不要说是孩子,就连我这个大人看了都忍不住垂涎三尺。

趁着女儿大快朵颐的时间,我和老板娘聊了起来。我说到自己很佩服她能想出"小米粒"这样的创业点子。她笑着说:"都是生活给逼出来的!"以前她在外企上班,朝九晚五。孩子才上一年级就自己解决午餐,一次因为吃了不卫生的食品引起了食物中毒,她才意识到这样下去不是个办法,于是果断地辞职了。生活的压力让她不得另想挣钱之道。有一天,她去接孩子放学,看到一个七八岁的小孩儿走进一家卫生环境极差的餐馆,那一晚她失眠了,经过一晚上的思考,她决定在自己家中开一个"家庭餐厅",针对的人群就是附近小学中那些父母中午没有时间做饭的小学生。

而餐厅之所以叫"小米粒",是因为她经常看到一些年龄小的孩子把米饭掉落到饭碗外,于是就从孩子的视角,索性将餐馆命名为"小米粒",同时也有提醒孩子们不要浪费粮食的意思。

很快她把想法落实到了行动上,1个星期后,"小米粒"就开张了。第1个月就有10多个学生在她的"小米粒"吃饭了。结果到了第2个月,人数减了一半,她不解地去问学生的家长,学生的家长告诉她,因为她做的饭不符合孩子的口味。这可怎么办?不可能根据每个人的口味来做饭，那样既浪费时间，又提高了成本。就在一筹莫展之际，她路过一家寿司店，看到了各种形状、各种图案的寿司，她灵机一动，既然味道不能统一，那就利用孩子的儿童心理，在外观上吸引他们。经过半个多月的琢磨和试验，李妈妈的儿童餐就这样问世了。

现在她面临的问题不再是怎样才能留住"小米粒"的顾客，而是怎样才能让那些排队等候已久的顾客进入她的"小米粒"。我相信她一定可以想到办法，因为她有一个善于思考的大脑。

不止一个家长在为孩子吃饭的问题而发愁，包括我自己也曾经是其中的一员，可是只有她想到了这个办法。可见思考可以使人成功，而生活正是因为这一次次成功才更加精彩。

如果我们只知道事物应该是什么样，可以证明我们是个聪明人。如果我们能知道事物实际是什么样，可以说明我们是个有经验的人。如果我们能想出怎样让事物变得更好，才能说明我们是个有才能的人。一个懂得思考的人，不仅仅能给自己带来成功，也能把自己通过思考得来的想法运用到工作中，为自己的公司带来成功。

一个生产牙膏的厂家，他们的牙膏销量一直非常好。随着生产牙膏的厂家越来越多，他们的销量渐渐不如以前。尝试了许多办法来改善，但是销量依旧徘徊不前。于是，董事长召集职工开会，只要有人能想出好的办法，就给三万元奖金。尽管奖金数目惊人，可是经过多次的改良都未见成效的人们，许久都不敢吭声。这时，一个小伙子说："把牙膏开口做大一些。"这个提议让该厂营业额在四年内增加了32%。

我相信包括董事长在内的每一个人都会刷牙，却只有这个小伙子想到了通过扩大牙膏口来增加销量。一个苹果，牛顿发现了万有引力定律；水开顶起壶盖，别人司空见惯的事情，瓦特却因此发明了蒸汽机。牛顿、瓦特和我们一样，都只是普通人，但是他们却能成为普通人中的伟人，关键就在于，他们对生活的处处留心，凡事都能问个为什么。如果我们善于思考，那么我们每个人都具备成为伟人的潜质，不见得要做出什么惊世骇俗的事情来，但至少可以使我们的生活更具有智慧。

**井取之道**

思考比知识更重要，因为知识是有限的，而思考却概括着世界的一切，是知识进化的源泉。每天留出一点时间来思考，不要让思维陷入死角，否则你的智力就会在常人之下了。

## 再惨的局，也能走出一盘好棋

人生不是一开始就意味着只有一个结尾，人们常说，凡事都有天注定，这是一种非常消极的思维方式。对于我们自己存在的问题上天是无能为力的，只能靠我们自己去改变。

当遇到一些挫折时，人们往往很容易放弃继续前进的信念，人生路漫漫，难免有走错的时候，但是走错了不意味着无法回头了，相反如果你不放弃，也许你会走得更精彩。

基伦是英国的一名残疾人，他只有一只左手，全身瘫痪在床，只有右眼能见到一丝光。一天，他在读报纸时看到一篇文章，介绍有一位姑娘，名叫威丽，与他同岁，也是全身瘫痪，只有双手可以动弹。

基伦写了一封信安慰她，过了三个月，威丽给他回了信，告诉他，为给他回信，她花了整整两个月。从此，这一对残疾人书信往来不断。

一天基伦收到威丽的求婚信。威丽在信中说："虽然，我们绝对不能成为真正意义上的夫妻，但我们可以成为一对精神上的恩爱夫妻，互相关心，你同意吗？"

基伦愉快地答应了。他在信上回复说："亲爱的威丽，我真的为你这种伟大、无所畏惧的精神感动万分。这使我看到生命的崇高、人性的光辉,万里之途决不会阻隔两颗无畏而充满美好憧憬的心。"

基伦在家人的帮助之下,不远千里来到了威丽身边。他们热爱生活,抗争命运的斗志,使他们奇迹般地生存下来。基伦活到63岁,威丽活到60岁。

人生的旅途中,我们总会遇到各种磨难和不幸,但不要自轻自贱,不要把自己视作一个软弱无能、不会去争取幸福的人。

去读一读罗曼·罗兰写的《贝多芬传》,去听一听贝多芬的《命运交响曲》。这个激情如火的德国作曲家一生遭受了多得数不清的磨难和贫困,在他人生最艰难的时期又遭受了失恋的打击,接着而来的耳疾又几乎毁掉了他的事业。

可是,他一直是个与"命运"决战的斗士,在这场战斗中诞生了他最伟大的作品!公爵之所以成为公爵,只是偶然的出身,而贝多芬成为贝多芬,则完全是靠他自己。难道不是吗?

曾经在网络上看到一个视频,视频中的人没有腿,没有手掌,看起来像一个怪物。但是他脸上的神情是自豪的,是激动的,他的演讲获得了台下的阵阵掌声。看完后,我特意在网上查阅了他的资料,不禁被他的经历折服。

这个人叫席里科。46岁时,他由于机车事故被严重烧伤。四年后又因飞机事故,腰部以下瘫痪。脸因为植皮变成彩色,手指全没了,双脚萎缩行动不便。于是,轮椅成了他最亲密的伙伴。

这期间，席里科做了大大小小16次手术，全身65%的皮肤都因为烧伤被植皮。术后，他无法自己吃饭，因为他无法拿叉子，也无法打电话，更不要说是上厕所等最基本的活动了。然而，面对这不幸的一切，席里科虽然也痛苦伤感过，但他并没有就此放弃自己，他说："我有能力掌握我的人生之舟。同样，目前的状况既可以说是倒退，也可以说是新的起点。"

结果真的就像他说的那样，6个月后，席里科便驾驶着飞机又飞上了高空。后来，他还创建了一家公司，这家公司又发展成为佛蒙特州的第二大私人公司。而且，他还勇敢地站到台前，为人演说，给人们鼓励，成了颇受欢迎的公共演说家。

就像席里科说的那样，也许是倒退，但是更多的是新的起点。当你觉得你的人生无路可走时，你不妨试着向一个积极的方向迈进，勇敢地走出几步，走着走着也许你就发现，原来路已经在你的脚下了。如果你不试着迈出那一步，你就永远不会知道前方的风景有多美。鲁迅先生也曾说过：世上本没有路，走的人多了，也便成了路。

人生若只是一条直线，从头走到尾，没有悬念，没有低谷，也没有遗憾，那么这样的人生就不会有惊喜，不会有高潮，也不会有完美。只有像一条曲线的人生才是丰富多彩的，也许你会碰到挫折，但只要你战胜了它，继续前进，你不知道成功会在哪个拐角处等着你。当你觉得人生无法再继续时，想一想陆游的那句"山重水复疑无路，柳暗花明又一村"。为自己找些动力，即使是跌倒了，也要爬起来再哭。

> **进取之道**
>
> 人生就像是一盘棋，棋术再高明的人，也会有下错的一步。就看你是选择一步错，步步错，还是选择反败为胜了。

## 谦虚有度，不自我矮化

我们常常说："谦虚使人进步，骄傲使人落后""谦受益，满招损""虚心竹有低头叶，傲骨梅无仰面花""百尺竿头，还要更进一步！"……这些用来形容谦虚的词汇数不胜数。然而现实中不仅仅只是空有这些赞美的词汇，更有数不尽的名人轶事为佐证。

梅兰芳是我国著名的京剧大师，在京剧上的造诣曾享誉国内外，是京剧界首屈一指的佼佼者。除了在京剧艺术上有很深的造诣，他还是丹青妙手。他曾拜齐白石为师，毫不顾忌自己的名角身份，诚执弟子之礼，尊师重道，常常为师傅铺纸研磨。

如果说因为齐白石是名画家，梅兰芳在他面前表现出谦虚的一面纯属正常，那么能够称一个普通人为师，就足以见得梅兰芳是何等的谦虚了。

一次他演出京剧《杀惜》时，在众多喝彩叫好声中，他听到有个老年观众说"不好"。梅兰芳来不及卸装更衣就用专车把这位老人接到家中，恭恭敬敬地对老人说："说我不好的人，是我的老师。先生说我不好，您一定有所见地，请赐教，学生一定改正。"老人指出："阎惜姣上楼和下楼的台步，按梨园规定，应是上七下八，而你为何是八上八下？"梅兰芳听后恍然大悟，连声称谢。以后梅兰芳经常请这位老先生观看他演戏，请他指正，并尊称他为"老师"。

俗话说：山外有山，人外有人。就算一个人在某一方面的造诣很深，也不能够说他已经彻底精通了。因为任何一门学问都是无穷无尽的海洋，都是无边无际的天空。

爱因斯坦的相对论以及他在物理学界的影响力是全世界有目共睹的。但是他并没有因为自己已经取得的成就而故步自封，还是在有生之年中不断地在学习、研究，真正地做到了活到老，学到老。

当别人问他为什么在达到了那么高的成就以后，还要继续不断地学习，而不是舒服地安享晚年。爱因斯坦没有直接回答，而是在一张纸上画了一大一小两个圆圈，然后说："目前，在物理学这个领域里可能是我比你懂得略多一些。你所知的是这个小圆，我所知的是这个大圆，然而整个物理学知识是无边无际的。大圆与之接触的面大，所以我更感到自己未知的东西多，所以才更加努力地去探索。"

爱因斯坦用一个形象的比喻，阐述了一个深刻的道理。一些媒体经常会说"只有强者才能得到尊重"。事实上是：强者令人害怕，只有谦虚的强者才能得到尊重。

但是，值得注意的是，谦虚是一种美德，不是一种装模作样，更不是故意贬低自己，丑化自己。有的人把不实事求是当作"谦虚"，有时甚至把谦虚变成了表演，这样就会给人一种虚伪的感觉。虚伪与谦虚是背道而驰的。虚伪是情感的假面具，是一种为掩饰而装出来的假象。然而这种谦虚的人还不在少数。

谦虚是美德，但不要过分，过分了就是虚伪。正确的态度应该是：好就是好，不好就是不好，要实事求是。真正谦虚的人，就像梅兰芳和爱因斯坦一样，不是不知道自己好，而是明知道自己好，还觉得自己不够好，然后努力让自己变得更好。用谦虚给自己定位，同时要把握住一个"度"，一是不能有表演性质；二是不要矮化自己，矮化自己也是矮化对方；三是不得有贬损第三方的含义。

**井取之道**

> 我们每个人都要养成一个"虚怀若谷"的胸怀，都要有一种"谦虚谨慎、戒骄戒躁"的精神，用我们有限的生命时间去探求更多的知识。

## 抓住"牛尾巴",机会只有1分钟

有人说:人生有四样东西会一去不返,说过的话、泼出的水、度的年华和错过的机会。也有人说机会就像是一个小偷,来的时候无声无息,走的时候你的损失惨重。这样的形容贴切而且形象。机会就是这样,当我们意识过来的时候,早已悔之晚矣。

所以,当机会来临时,你要用力紧紧抓住,不要像下面这个寓言中的教徒一样,看着机会从手中溜走。

约翰是一个很虔诚的教徒,他每天都会对着上帝祷告,为上帝祈福。几十年来从未中断过。终于上帝被他感动了。一天晚上,上帝走进了约翰的梦里,告诉他说:"今晚要发洪水,你不要怕,我会来救你的。"

果然,到了后半夜,就发生了山洪。这时,村民逃命的逃命,呼救的呼救,只有约翰双手合十地祷告起来。这时,有个人过来劝他快跑,他却说:"你们跑吧,我等着上帝来救我。"不一会儿水就淹没了半个屋子,他只能坐在高高的立柜上,这时,一块木板漂了过来,他想着上帝会来救他的,于是他放弃了。水越涨越高,约翰只好坐到了房顶上,心里想着:"怎么上帝还不来救我?"这时,救援队赶到了，救援人员让他上船，可他就是死活不上，偏偏要等上帝来救他。最后，救援人员无奈地走了。

直到被洪水淹死，约翰也没有等到上帝来救他。到了天堂，约翰十分气愤地指责上帝："你说会来救我，我那么信任你，最后等到死，也没有等到你。"上帝听了他的话也很生气，反驳道："我怎么没有去救你？我先派去一个人，让你赶快逃跑，你不听；然后我又扔个木板给你，你不用；最后，我只能派人划船去接你，人家等得天都黑了，结果你就是不上船！明明是你自己没有把握住求生的机会，反倒怪我没有去救你。"

像约翰这样的人，即便是碰上好运气，遇到了有利的情况，可是由于司空见惯，或者思想没有准备，或者不懂得审时度势，头脑不敏感，粗心大意等，都会错过良机。善于利用时机，才会更容易取得成功。这是成功的一项基本要诀，所以要让自己时刻处于"备战"状态，当机会降临时，就可以一下子抓住它了。

一个英俊的年轻人，他和农场主漂亮的女儿相爱了。可是农场主嫌弃他是一个穷小子，不肯把女儿许配给他。经过他的再三请求，农场主决定给他个机会。

于是，农场主让他站到外边的田地里，说："我会放3头牛出来，一次放一头，你能抓住任意一只的尾巴，我就把女儿许配给你。"然后，年轻人就站在牧场上等第一头牛出来。牛圈门打开了，从里面跑出来一头体形庞大的，看起来最可怕的一头牛。

年轻人有点害怕，但是为了心爱的人，他只能咬紧牙，猛地向牛扑了过去，结果只抓到了几根牛毛，自己还摔了一跤。等他起来，牛已经跑得没影了。这时，牛圈的门又一次打开，这次这头牛更大了，更凶猛了，它站在那里像一头狮子一样怒视着他。年轻人这次反而不怕了，有了上一次的经验，这次他发誓一定要抓住牛的尾巴。果然，年轻人轻而易举地抓住了牛的尾巴，而且也没有受伤。

正当他准备把第三只牛的尾巴也抓住时，牛圈的门打开了，出来的却是农场主，只见农场主满脸笑容地告诉他："恭喜你，年轻人，你抓住了机会，通过了我的考验。"说完把他领向牛圈，指着一头瘦骨嶙峋，看似病病恹恹的牛说："这是第三头牛。"年轻人刚要后悔自己为什么不再等一等时，却发现这头牛根本没有尾巴。

人生中的机会就是故事中"牛的尾巴"，是不能等的。一旦出现了，就要用最快的速度抓住，也不要企图等着下一次再去把握，因为机不可失，时不再来。很多机会都是在我们的等待中丢失的。就比如，一个人的太太一直想要他送花给自己，可是这个人认为一生很漫长，等有了钱再送也不迟。可是没想到的是，还没等到他有钱，他的太太就因为意外去世了。在他太太的灵堂上，他铺满了鲜花，却再也看不到他太太收到花时幸福的表情。这时候，他才开始后悔自己错过了那么多美好的时机。

错过的机会，就像是流逝的时间，是有去无回的，把握不住那难能可贵的时机，留下的就是无限唏嘘的遗憾。要善于抓住时机，只要善于把握，任何事情才有成功的机会。

> 机会是短暂的,稍纵即逝。所以成功人也是少数的,要想成为这少数人中的一员,就要善于抓住稍纵即逝的机会。

# 别自我设限,跳出你的最高度

婴儿都是一样的,没有什么不同,但是随着年龄的增长,有的人成为了成功人士,有的人成为了普通人,有的甚至还不如普通人。究其原因,除了各自的机遇不同,努力程度不同,还有就是,成功的人能够挖掘出自己身上的潜质,并能够充分地发挥出来。然而我们大多数人,在经历了人生的一次又一次转折点后,就把自己给"定型"了。

毫不夸张地说,人的潜能几乎是无穷无尽的,只要你能够相信自己行,就能够挖掘出自己都无法预料的能力出来。爱迪生就曾说过:"如果我们做出所有我们能做的事情,毫无疑问地会使自己大吃一惊。"所以,不要把自己局限在一个范围内,要勇敢地去挑战自己。有人曾经用跳蚤做过一个实验:

如果把跳蚤放在一个玻璃杯里,你会发现跳蚤能够轻而易举地跳出来，因为跳蚤跳的高度是身高的400倍以上。

这时，在杯子上放上一个玻璃盖，然后再把这个跳蚤放进杯子里。"嘣"的一声，跳蚤跳起来后，重重地撞在了玻璃盖上，跳蚤十分困惑，一次次跳起，一次次被撞，跳蚤变得聪明起来了，它开始根据盖子的高度来调节自己所跳的高度。后来，这只跳蚤再也没有撞击到这个盖子，而是在盖子下面自由地跳动。

三天以后，当把杯子上的盖子取掉后，就会发现这个跳蚤还在那里跳，但是它的高度依然不会超过杯盖的高度，尽管此时杯盖已经不复存在了。一周以后，这只可怜的跳蚤还在杯子里跳，这时，它已经无法跳出这个杯子了。

如果想要跳蚤跳出来，只需拿一根小棒子，突然猛敲一下杯子。或者拿一个酒精灯在杯子底部加热，当跳蚤热得受不了的时候，它才会"嘣"地跳出来。

多么像有些人，在追求梦想的路上碰壁后，就不敢再去追求，不是追求不到，而是在自己的心里默认了一个"高度"，这个高度常常暗示他自己，成功是不可能的。这是没有办法做到的，这样的想法说明你还没真正地认识到自己。一个人只有正确认识了自己，才能不断地超越自己。首先，你要有自信心，认为自己干什么事情都能行，只有认识到通过自己的努力，自己一定能达到目标。这样，你就不会因为一点困难而退缩，同时，还能够发现更强大的自己。曾经参加过越南战争的史蒂芬就用行动证明了这一点。

参加某个战争的时候,史蒂芬被流弹击中了背部。经过医院的抢救,他脱离了生命危险,但是医生和他说,他只能在轮椅上度过后半生了。

出院后,史蒂芬终日与轮椅为伴,意志也日渐消沉,经常借酒消愁。一次史蒂芬从酒吧出来,坐在轮椅上准备回家。忽然从暗处闯出来三个劫匪,他们抢走了史蒂芬身上的钱,史蒂芬大声呼救引起了抢匪的不满,他们竟然用火点着了史蒂芬的轮椅。情急之下,史蒂芬竟然忘记了自己的腿是残疾的,他站起来就开始跑,最终逃过了这一劫。

事后,史蒂芬说道:"如果我没有忘记自己不能够走路,那么我将被火烧伤,甚至被烧死。"

在奔向成功的路途中,困难或多或少总要挡在我们面前。它藐视那瞻前顾后的懦弱者,恐吓那畏缩不前的胆小鬼,无情地嘲弄着那些稍遇挫折就轻易放弃的外强中干者。如果不去尝试,你永远不可能知道自己能发挥多大的潜能。

海伦·凯勒说:"身体上的不自由终究是一种缺憾。我不敢说从没有怨天尤人或沮丧的时候,但我更明白这样根本于事无补,因此我总要极力控制自己。"一个生活在无声黑暗中,幽闭在盲聋哑世界里的女子,终究在心中无数斗争中选择了走出阴影,靠着一颗不屈不挠的心在追逐成功的过程中创造了奇迹!更何况我们一个身体健全的人呢?

> **进取之道**
> 
> 不要因为自己觉得"不可能"就不去尝试,世界上最高的山峰不是珠穆朗玛峰,而是你自己,只有不断去探索自己,发现自己,才能超越自己,达到更高峰。

## "单纯"是人生路上最轻的行李

人常常会有这样的感觉,在社会上闯荡的时间久了,就会觉得很累,这种"累"多半来源于心理。这是因为你心里面装的东西太多了,其实只要你放下一些东西,只拿着"单纯"上路,你会发现人生变得轻松很多。

《三字经》的第一句就是"人之初,性本善"。每一个成年人都会怀念自己的幼年时光,原因就在于,人在少年时,思想是单纯的,可以想哭就哭,想笑就笑,没有什么不可以,所以会感觉到很轻松。长大了,思想就会变得复杂,想哭的时候,要假装自己在笑,想笑的时候,又不敢笑得太大声。以前都可以的,变成现在的什么都不可以。事实上,从你生下来的那一刻起,社会就是这样的,复杂而多变。然而你却是简单的、透明的,改变你的不是社会,是你自己。如果时刻保持着一颗孩童般的心,世界也会单纯起来。

迪亚是法国的一位贵族科学家,在法国大革命来临的时候,已经70岁高龄了,政治运动让这位贵族科学家在一夜之间失去了贵族头衔以及他所有的财产。虽然经常食不果腹,衣不遮体,但他的耐心、毅力仍旧存在,并且勇气不减当年,生活中的他还是乐呵呵地,就像什么事情都没有发生一样。

有一次,法国自然科学协会邀请他去做报告,他没有丝毫犹豫,欣然同意前往,上台准备演讲时,因为没有鞋,只能赤着脚上去,因此在开始演讲的第一句话就是:"今天很抱歉,没有鞋子穿,不过赤着脚倒也还是蛮舒服的"。

在作报告的时候,丝毫没有因为他现在的身份以及生活的窘境而减少热情,声音一直都是抑扬顿挫,神情专注。

9年过去了,这位历经沧桑的老人离开了这个世界。在他的遗嘱中,明确要求自己的葬礼就是用一生中确定的45种植物编织成一个花环,放在他的灵柩上,其他的都不需要。

这个老人是值得人们去尊敬和爱戴的,因为他真正地看透了这个红尘。世上所有的东西都不是你的,包括所有的财产和知识,生不带来,死不带去,除了你自己的快乐心情,你可以尽情地享受。

而在很多人的眼中,他们对人生得失、荣辱沉浮看得太重,因此整天忙忙碌碌,处于高强度的竞争之中,唯恐稍有闪失。一旦达不到目的,就暴跳如雷,怨天尤人,消极悲观而又愤愤不平。这样的人,内心乌云密布,永远发现不了生活中的七彩阳光。

因此,无论我们身处什么境遇,争取像这位老人一样,先做一个单纯、快乐的人吧。

和一个单纯的人在一起，你会因为他的单纯而感到轻松；而当你自己成为那个单纯的人时，你自己就会感觉到快乐，同时，你也能把这份快乐带给其他人。《围城》的作者钱钟书，就是这样一个人，他身边的朋友不仅佩服他的学富五车，更加欣赏他做人的态度。

> 钱钟书在清华工作的时候，和林徽因是邻居。那时他养着一只非常聪明的小猫。这只小猫，经常和林徽因家的小猫打架。每到半夜两猫打架的时候，不管多冷，钱钟书就急忙拿起自己早就备好的长竹竿，帮自己的小猫打架。
>
> 除了对猫表现出童真的一面，对自己的家人也是如此。钱钟书的妻子杨绛也曾回忆说："我们在牛津时，他午睡，我临帖，可是一个人写字很困，便睡着了。他醒来见我睡了，就饱蘸浓墨想给我画个花脸。可是他刚落笔我就醒了，他没想到我的脸皮比宣纸还吃墨，为洗净墨痕，脸皮都快洗破了。以后他不再恶作剧，只给我画了一幅肖像，上面再添上眼镜和胡子，聊以过瘾。"
>
> 如果你问钱钟书："生活怎么样？"他一定会回答说："生活简直是美妙极了。"

人们都喜欢与单纯的人交往，因为与单纯的人交往使人轻松自然，不用耗费心机，不用防范戒备。这倒不是说单纯的人智商低，可以随意欺骗和糊弄，而是说他们心地纯净、谦和、宽容、有亲和力，和他们交往让人感到自然、轻松、愉快。这种人往往很有内涵，有自己的观点和想法，甚至在某一个领域有很深的造诣。但是，他们在为人处世的过程中却截然相反，以单纯的一面示人，把过人的心智放在更有价值和更有意义的事情上。这就是荀子所说的：温和如玉，完美纯正。

也许有的人会说："世界这么纷杂，太过单纯就会吃亏。"确实是这样，但是也不完全是这样。对待一些难以理解和棘手的问题时，如果我们想得太简单，就容易忽略一些重要的因素，这时候，就需要你把事情考虑得周全一些。然而生活中不是时时刻刻都要面临复杂问题的，这时候，你就应该让自己回归单纯的本色。不要错误地以为，单纯就是愚蠢。愚蠢是真的什么也不懂，分不清善恶，不懂得好坏；而单纯是什么都懂，知道善恶，分得清好坏，只是，单纯的人，不会把坏的想得更坏，更不会把好的想成是坏的。

**取之道**

单纯就是：想哭就哭，想笑就笑，不要因为世界虚伪，你也变得虚伪了。少一点欲望，多一点赤子之心，你的人生会更快乐、更轻松。

## 德者，得也：小胜靠智，大胜靠德

记得看《新方世玉》时，雷老虎那句"以德服人"给我留下了深刻的印象，本是抢亲的蛮人，却因为一句"以德服人"增添了许多可爱。

以德服人，才能让人从心底里佩服。一个聪明的人，会得到他人的赞赏；一个道德高尚的人，得到的是他人的敬重，因为在他身上所散发出来的人格魅力，是所有人都无法抵挡的。从古至今，凡是有大成就的人，都是德才兼备的。比如，三国时期的刘备。

刘备临终前，还不忘叮嘱刘禅要"惟贤与德"，这是刘备一生的成功心得。论治国之能，刘备远不及魏武帝曹操，却能收揽关羽、张飞、赵云及诸葛亮等一群文武奇才，就是因为他能够以德服人。上至官兵，下至百姓，没有一个不为他歌功颂德，刘备因此才能由一个卖鞋小贩奋斗到三分天下有其一的蜀汉皇帝。

走上政治舞台后，刘备仍然秉持着宽厚待人、仁义取信的处世理念，颇为人称道。作为政治家、领袖人物，宽厚、仁义、忠诚都是指引成功的最高法宝。投之以桃李，报之以琼瑶，刘备的宽厚仁德，为他带来的好处，可谓是数不胜数。

德高望重乃是"大能",真正的赢家,在这种能力上的修炼都是相当之高的。不论是在古代的政治环境里,还是在今天的经济社会里,仁德待人都是成功者很高妙的做人技巧。中国有句古话,叫"一分基地,一分功德",德是一种觉悟,是一种理念,是一种境界,那么只要你具备了一定的修养高度,你会发现,成功只是你不经意的一个行为。全球赫赫有名的希尔顿饭店首任经理有着这样一段传奇的故事。

在一个深夜里,一对年老的夫妻走进一家旅馆,奔波了一天的他们想要一个房间。前台侍者却告诉他们:"对不起,我们旅馆已经客满了,一间空房也没有了。"两位老人的脸上露出失望的神情。

看着这对老人疲惫的样子,侍者叫住了转身正欲离去的老人。然后把他们领到了一个整洁而又干净的房间。并说:"也许它不是最好的,但现在我只能做到这样了。"第二天,当他们来到前台结账时,侍者却对他们说:"不用了,我只不过是把自己的房间借给你们住了一晚,祝你们旅途愉快!"

此时,两位老人才明白,原来侍者自己一晚没睡。他们感动万分。老头儿说:"孩子,你是我见过最好的旅店经营人,你会得到报答的。"侍者笑了笑,说:"能帮到您,我很高兴。"

不久之后,有一天,侍者接到了一封信函,里面有一张去纽约的单程机票并有简短附言,大意是聘请他去做另一份工作。当他乘飞机来到纽约,按信中所标明的路线找到一座富丽堂皇的大酒店。原来,几个月前的那个深夜,他接待的是一位有着亿万资产的富翁和他的妻子。富翁专门为这个侍者买下了一家大酒店,深信他会经营管理

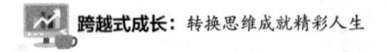

好这家大酒店。这个侍者就是希尔顿饭店的首任经理。

要做一个诚实、守信、正直的人，才能够散发出人格魅力，人生才会更加精彩。正直的品格是最伟大的力量之一，但有些人更注重手段和阴谋诡计、不重视正直人格的力量。如果一个人整日生活在虚伪的言行中，披着善良的外衣却干着非法的勾当，他一定会受到谴责。虚伪会腐蚀人的品格，最终会摧毁人的自尊心和自信心。因此，不管我们面前摆着多少难以抗拒的诱惑，也不可以做违背人格的事。生活亦是个无限的博弈，只有德才兼备的人才能笑到最后。

井取之道·

以德服人才是大智慧。面对大千世界，始终抱定以诚待人、以德服人的态度来适应人们个性的不同；就是对冥顽不化的人，也要以诚相待使他受到感化。因为这都是发乎自然的情感力量，也是道德的力量。

# 猜疑是心魔

猜疑，就像一条吞噬感情的蛀虫，威胁着我们与其他人之间的感情和信任。猜疑使人际交往中本来小小的疙瘩发展成长期的不和。这其中不知有多少人因为猜疑疏远了朋友，中断了友谊，甚至断送了自己的事业。

当你不能够对周围的人、事报以信任的态度时，你就会时时被猜疑之心所困扰，不能够轻松快乐地度过每一天。就比如，当你突然出现在大家面前时，大家就停止了谈论，这时的你就会在心里犯嘀咕："他们是不是在说我的坏话？"怀着这样的心情，你这一天，甚至好几天都会闷闷不乐，都不能摆脱猜疑带给你的这种困扰。对于人的怀疑，我们常常都是根据自己的主观推测来判断的，这样很容易就受自己感情的干扰。

一个大雨天冲塌了一家人的院墙。这时他的儿子说："如果不赶快修墙，恐怕贼会来偷窃。"他的邻居也说："赶快修好吧，不然会把贼引来的。"果然在当天夜里，他家就被盗了。而这个人就怀疑邻居是小偷。

如果换做你是这个人，你会怎样想呢？看到院墙塌了的人，只有自己儿子和邻居。你会怀疑是谁呢？我想大部分人都会怀疑是邻居，因为邻居是外人。为什么同样的话从儿子和邻居的口中说出来，邻居就成了贼，而自己的儿子就不可能是呢？这就是我们的猜疑之心在作怪。

由此可见无端的猜疑之心，会使我们对待朋友、对事物，就不能从客观实际出发，进行合乎逻辑的判断、推理，而是凭借一点表面现象，主观臆断，就随意夸大，进而扭曲事物，得出一个不切实际的结论。

心理学专家指出：多疑源于心理不健康。多疑的人心胸狭隘，斤斤计较，患得患失。他们与人相处，眼里坏人总比好人多，所以朋友很少，更无至交。多疑的人思想飘忽不定，心无主见，容易受人挑唆，无中生有，怀疑一切。看过《三国演义》的人都知道曹操就是一个生性多疑的人。

那时曹操刺杀董卓未遂，逃出京城。董卓派人追捕，并四处张贴曹操的画像，凡是捉拿到曹操的，悬赏丰厚。情势可谓是十分严峻。

面对董卓布下的天罗地网，曹操想到了他父亲的朋友吕伯奢，于是便和救他出来的陈宫一起逃到吕伯奢家。吕伯奢见到老友的儿子，十分高兴，热情地款待曹操。当他准备拿出好酒好菜来招待曹操时，发现家中没有酒，便急忙出去买酒。

曹操便坐在前堂等候，隐约听到后面有磨刀声，顿起疑心。于是便悄悄走到后窗，听到里面说："绑起来，杀吧！"立时大惊失色，提起手中的剑闯入内宅，见一人杀一人，总共8口全倒在血泊之中，直到杀到厨房，才看见一只猪刚被捆上四蹄待宰。曹操这时才明白刚刚他们说的是杀猪,而不是杀他。

大错已经铸成,曹操和陈宫只好匆匆逃离吕家。谁料在半路上又和兴冲冲买酒而归的吕伯奢碰上了!想起那惨死的8口人,陈宫满面疲愧,抬不起头。曹操却在两马相措之际,一挥剑,又把吕伯奢杀死了!

陈宫大惊,说道:"前面杀人,是由于误会;现在明知是恩人,却还要虐杀,你太残忍了!"

曹操却说:"伯奢到家,见到自己的家人被杀,必定告官,到时候官府一定会追杀我们!我这是为我们解除后患。"

"可你这样做,也太不仁义了!"陈宫道。

曹操冷笑道:"宁可我对不起天下人,但绝不能让天下人对不起我!"

曹操这样疑心太重的人,总怕别人争夺自己的所爱、所求、所得,怕别人损害自己的利益,终日疑神疑鬼,顾虑重重。你对别人不放心,别人能对你坚信不疑吗?虽说防人之心不可无,但是时时提防、处处疑心,还会有知心朋友吗?

"防人之心不可无"这其中还分为两种情况:一种是自己没有害人的心思,但自己生怕被别人害,就处处提防着别人;还有一种属于原本自己有害人的心思,就认为别人都和自己一样,也有自己这样的心地。猜疑在伤害别人的同时,也折磨着自己。

每个人都有多疑的时候,疑心是人在社会生活中保护自己和预防性保护自己的正常心理活动,但疑心的程度有轻重,过于疑心和过于敏感就是不正常的现象了。摒弃多疑，给他人一份信任，也给自己的心灵卸下枷锁。不要让猜疑这条毒蛇，吞噬了你的心灵。

> 进取之道
>
> "处处加小心，不如常常做好人"只要能够做成一个帮人助人的人，就是一个真正的好人，才会迎来美好、和谐、舒畅、顺达的人生。

## 人生随时可以重新开始

没有人生是一帆风顺的，每一个人都会或多或少地遭受一些打击，这是对我们心智的历练，但是往往有一些人太过脆弱，经不起一点风吹雨打，导致近几年来抑郁、焦虑人数直线上升。曾在报纸上看到这样一则新闻。

某重点大学一名大学一年级的男生，在中午放学以后，从六层楼高的阳台上一跃而下，当场死亡。随后，一名女生主动联系了辅导员老师，原来这个男生向她表白，她拒绝了他。他当时就说，要以死来证明自己的爱。此女生当成是他一时冲动的气话，结果没想到悲剧就这样发生了。

仅仅是因为求爱失败，就选择了自杀。不知道这个男孩子跳下来的时候，有没有想到他的家中养育他成人的双亲。

如果说遭遇了打击，就有了自杀的理由，那么每个人都具备这样的理由，那么世界上也不可能有那么多成功的人了。古今中外，凡是有所成就的人，都是敢于面对人生各种打击的。

贝多芬的《命运交响曲》正是他敢于直面惨淡人生的果实。一个又一个挫折并没能弄垮他，他勇敢地直视一个又一个的挫折，开拓了人生之路。李清照，经历了南北分裂，国破家亡，她的人生一路坎坷，颠沛流离。但她敢于面对惨痛的人生，坚持创作，在诗、词、散文皆有成就。冼星海也曾说：一朵成功的花都是在许多苦雨、雪泥和强烈的暴风雨的环境下培养成的。

不管是贝多芬也好，还是李清照也好，不经历风雨，又怎么看得见彩虹呢？当你站在一个旁观的角度时，你会发现那些让你自杀的念头不过是大海中一朵稍纵即逝的浪花罢了。

曾经有一个年轻人，经过了五年的艰苦奋斗，终于有所成就。当他正准备衣锦还乡，光宗耀祖的时候，一场大火让他的努力顷刻间化为乌有。面对失去的一切，他无法承受命运的坎坷，无法面对为自己编织的美好生活就这样轻易地破碎。

没有了钱,也没有脸面回到家乡,神情恍惚的他不知不觉地走到了山崖边。他发现一个女孩子坐在山崖边。这个年轻人好奇地走过去问道:"姑娘,你坐在这里干什么?这里很危险的!"那个小姑娘听了他的话,头也不回地说:"反正我也不想活了,掉下去就不用我自己往下跳了。"说完,就嘤嘤地哭起来。"为什么呀?你这么年轻,这么漂亮,还有大段美好的青春,你怎么这么想不开呢?你要是死了,你的父母怎么办?他们会伤心的。""可是他不要我了,我怀了他的孩子,可是他却爱上了别的女人。我没有脸见我的父母,也没有勇气活在这个世上了。"

年轻人听完女孩儿的哭诉,静静地坐在了她的身旁,说:"如果是因为这样,你更不应该选择自杀,为了一个不爱你的男人,却伤害了爱你的家人,甚至丢掉了自己的性命,你觉得值吗?人生随时可以重新开始,他不爱你了,就算你死了,他也不会爱你。你为什么不好好活着去找寻爱你的人呢?"女孩儿听完他说的话,停止了哭泣,"对,他不爱我,我还可以自己爱自己。谢谢你!对了,你为什么来这么危险的地方?"

年轻人面对女孩儿的发问,一时无语,他想到自己,不就是什么都没有了吗?但是他人还好好的,那么随时都可以重新开始。

如果不是站在旁观者的角度,这个年轻人也不会看到黑暗的另一面就是光明。就像他自己所说的"人生随时可以重新开始",为什么我们不去选择重新开始,而选择结束生命呢?

当你感觉自己的生活窘迫,没有希望时,你也应该看到那些食不果腹、衣不蔽体的人，他们没有温暖的家庭，没有固定的收入，但是他们依然积极地生活在这个世界上；当你感觉到痛苦，感觉到绝望的时候，你也应该看到那些失去了双目，失去了双臂，失去了双腿的人，至少你还可以看得见阳光，至少你还有一双手能够撑起自己的世界，至少你还能自由地到你想去的任何地方。当你面对这些人时，你会觉得我是如此的幸运。

人生中，有甘甜与幸福，难免也会有痛苦与挫折。像远行的人，会走过绿荫清爽的小道，也可能走入荆棘丛生的树林。当不小心被荆棘割伤，又或跌倒摔伤时，只有勇敢爬起来，坦然以对，走过苦痛与挫折，用爱与热情去面对生活，你的生活才会依然充满鲜丽的光彩。

**井取之道**

有人说，生活像一面镜子，当对着镜子里的人笑时，镜子里的人也对你笑。我们应用明媚阳光般的笑脸，去面对生活，让生命泛出光彩，也让自己走出一片美好的天地。

## 从失败中寻找的出路距离成功最近

人人都说"智者千虑必有一失",也说"聪明一世,糊涂一时"。就算是智者和聪明人,都有遇到错误,碰见挫折和困难的时候,那更不要说我们普通人了。

通往成功之门的道路上铺满了荆棘,为什么有些人就能在跌倒一次后巧妙地避开障碍,毫发无损地到达成功的彼岸。而有些人不屈不挠,却跌得满目疮痍,虽努力却无法获得成功?原因就在于前者善于总结,他们在同一个地方绝不会跌倒两次。就比如被誉为20世纪最伟大的心灵导师的戴尔·卡耐基。

在卡耐基事业刚刚起步的时候,他在密苏里州举办了一个成人教育班,并且陆续在各大城市开设了分部。尽管收入不少,但是在过了一段时间后,他发现自己的收入竟然刚刚够支出,巨额的广告费用,和房租、日常办公等开销加在一起,他基本上没有什么收入。一连数月的辛苦劳动,并没有得到任何回报。

为此,卡耐基感到十分苦恼。在很长一段时间内他都是闷闷不乐的,刚刚起步的事业也因为他的消极,无法再继续下去。最后,卡耐基不得不去请教自己中学时代的老师乔治·约翰逊。

他的老师听完他一番抱怨的叙述后，说："不要为打翻的牛奶哭泣。"

这句话犹如晴天霹雳一样，击醒了陷在苦恼中无法自拔的卡耐基，令他的精神再次振作了起来。是的，牛奶打翻了，是看着牛奶哭泣？还是去再倒一杯？打翻的牛奶已经成为了事实，即便是哭泣也不能够挽回，还不如吸取教训，再去准备一杯新的来。

当我们看到卡耐基的成就时，绝对不会想到，这个被誉为人际关系学鼻祖的人，曾经是一个没有任何演说天赋的人，他曾经历过12次的演说失败，但是他屡败屡战，也正是因为这些失败，才让卡耐基不断地认识自己，不断地挑战自己，从而不断地让自己进步。

在卡耐基后来的回忆中，他不无自豪地说："我虽然经历了12次失败，但最后终于赢得了辩论比赛，更为激励我的是，我训练出来的男学生赢了公众演说赛，女学生也获得了朗读比赛的冠军，从那一天起，我就知道我该走怎样的路了……"

在我们追求成功的过程中，都会经历和卡耐基一样的事情，失败是难免的，与其在失败中懊恼，不如在失败中总结经验，增长自己的智慧。拿破仑也曾经说过："不会从失败中寻找教训的人，他们的成功之路是遥远的。"可见，孕育成功的摇篮正是面对失败的勇气和总结教训的睿智。所以，我要说：正确的总结，才是成功之母！

> **进取之道**
>
> 凡是成功的人，从来不会对自己所犯的错误加掩饰，因为他们知道，只有拿出勇气来正视错误，才能让自己从错误中走出来，才会让自己在错误中获取下一步成功的经验和力量。

## 成为自己：找回生命本来的样子

每个人的人生都是不同的，有的精彩，有的曲折，有的平凡。而大多数人，认为自己的人生是掌握在别人手中的，或者是父母，或者是老板，或者是环境的影响。其实，这些都不是可以决定你命运的人，可以决定你命运的人只有你自己。

只是，有的人习惯把自己的不成功归罪于自己的家庭，归罪于自己的父母，以为没有显赫的家庭背景，没有有权有势的双亲，自己就应理所应当地平凡下去。可事实真的就是这样吗？

1770年，在波恩一间颓败的简陋小屋里面，诞生一个皮肤通红的婴儿。然而，谁也没有料到，他在成人之后，将会成为世界上最伟大的作曲家——贝多芬。

父母感情不和以及童年极度穷困的生活，让贝多芬从小就养成了孤僻、倔强和不羁的性格。在他幼小的心灵中，从来没有向生活低过头。他的一生，始终孕育着强烈而深沉的感情。正是源于对生活的热爱和对命运的不屈服，才最终促使他走上了一条辉煌的道路。

凭借着在音乐上的天分，他十二岁的时候就开始学着独立作曲，十四岁便开始参加乐团的演出，并且还能够领取一定的补助。然而，上天并没有因此而垂青他。在贝多芬十七岁的时候，他的母亲病逝了，为了安葬母亲，他几乎花光了家里面所有的积蓄。不久之后，贝多芬又染上了伤寒和天花。所幸的是，这两种可以致死的疾病并没有夺去他的生命，他用稚嫩的肩膀扛起了生活中更多的重量。

他从来不向命运屈服的性格，使他每一次在面对磨难的时候，都能够微笑着站立在最顶端，俯视所有的厄运。为了生活，贝多芬一直在宫廷乐队工作，这为他的创作提供了很好的机遇。从他的音乐中，我们从来看不到生活的苦难，永远只有奔流的情感生生不息，给人以向上的力量。抑或者，像是在柔软的月光之下，静静倾听蝉鸣的声音，一如大自然的神秘和庄重，飘渺幽远，耐人寻味。

可是，当贝多芬在音乐界刚刚崭露头角的时候，一个可怕的噩耗降临了。他发觉自己的听力开始衰退，作为一个作曲家，这将是致命的打击。如果再不能听到各种美妙的声音，那么他的创作灵感又从何而来呢？为了掩饰真相，贝多芬尽量不去参加各种聚会，以免被人发现自己耳背的残酷现实。但纸里面永远包不住火，当他的两只耳朵完全失聪的时候，他才真正认识到命运的不公。

贝多芬选择了躲避。他把家搬到了维也纳郊外的海利根斯塔特，从此，过起了隐居的生活。

"一点休息都没有——除了睡眠，我不知道还有什么时间休息。"贝多芬如是说。在与世隔绝的环境之中，他并没有放弃自己的最爱，相反，贝多芬用更大的热情投入到了创作之中。没有人知道他的痛苦，除了可以聆听到他音乐之中永不屈服的意念之外，没有人能够真正领会到一个双耳失聪的人是如何在音乐之路上蹒跚前行的。

后来，贝多芬在一份遗嘱里面写道"我不可能对人家说'大声点，大声点，因为我是一个聋子'。我本来就有一种优越感，认为自己是完美无缺的，比任何人都要完美，简直是出类拔萃。我怎么能够承担这种可怕的病症呢？别人站在我的身边能够听到远处的长笛声，而我却什么也听不到，这是一种多么大的耻辱啊！诸如此类的经历简直把我推进了绝望的深渊——我甚至曾想到了要了却残生。"

在命运抉择的关口，贝多芬也在迷茫和徘徊。然而，最终他依旧选择了向命运挑战。"是艺术，只是艺术挽留了我。在我尚未把我的使命全部完成之前，我不能离开这个世界。"贝多芬对他的朋友说。"我要扼住命运的咽喉，它休想使我屈服。"这句话，成了贝多芬一生坚持奋斗的力量之源。

在耳聋之后，贝多芬比以前更加发奋和努力。在紧张的创造之中，他放弃了所有的休息和娱乐，似乎工作就是最好的消遣方式。他一生一共创作了9首编号交响曲、35首钢琴奏鸣曲、10部小提琴奏鸣曲、16首弦乐四重奏、1部歌剧、2部弥撒、1部清唱剧与3部康塔塔（多乐章的大型声乐套曲），另外还有大量室内乐、艺术歌曲与舞曲。其中很大一部分作品是他在耳聋之后凭借着对生活和艺术的执着与向往中完成的。

"扼住命运的咽喉。"铮铮的钢琴声向每一个行走在贝多芬墓前的人们怒吼着……

人生总是有太多的无可奈何,有太多的身不由己,对于外界的环境,我们是无能为力的。但是有一点你必须知道,只要你知道自己需要什么样的人生,那么环境于你,不过是生命中的一种陪衬。

我们的生命是由自己来承担的,我们的人生更是由我们自己来掌控的。不要活在别人的嘴里,也不要活在别人的眼里,那样的人生是别人的,不是你自己的。有多少人,忙忙碌碌了一辈子,却仍然感觉到迷茫;又有多少人,起早贪黑,却只知道自己是为了生存。这样的人生,平凡而没有滋味。人的生命只有一次,不能就这样糊里糊涂地度过。无论你现在是多大年龄,你真正的人生是从你认定自己的发展方向那一刻起的,那些以前度过的日子,不过是在绕圈子而已。你,作为自己生命的主人,只要找到了自己的方向,你就可以随时决定自己的人生。

有一个走到哪里都戴着一朵大花的女人,我想大家对她都有些印象。对于她独特的打扮和大胆的言辞,媒体总是褒贬不一。可是有一点不得不承认,她活出了自己的人生。这个人就是杨二车娜姆。

杨二车娜姆是出生在中国云南省的摩梭人,这是一个世世代代居住在泸沽湖边维系着母系氏族传统生活的民族。因为高山的阻挡,摩梭人很少走出泸沽湖的怀抱,他们不知道外面的世界,似乎对外面的世界也并不感兴趣。

但有一个人却例外，那就是小小的杨二车娜姆，她从游客的口中得知，外面的世界是多么精彩，她那颗小小的心不再安分了，她不再甘于待在这个小小的部落，她想走出去，去看看外面的世界。想到就要做到，走出摩梭人的过程是艰辛的，对于一个14岁的小女孩来说，所要遇到的困难是无法想象的。那时的她包袱里面只装着几件衣服，7个鸡蛋和一盒火柴，一个人逢山过山，遇水淌水地翻过几座海拔2000米以上的高山，终于走到了城市。

"只要自己有着不肯对命运低头的毅力和勇气，世上哪有走不通的路，过不去的桥"，这是杨二车娜姆的独白。她从14岁走出女儿国，进入凉山彝族自治州歌舞团；16岁考入上海音乐学院，闯荡上海滩；毕业后进入中央民族歌舞团；而后远渡重洋去美国，到世界各地去创事业。她创造了人生的辉煌，也洒下了难言的泪水。

在她的传记中，她写道："我很不喜欢别人说我像谁，一会儿说我像三毛，一会儿说我像钟楚红，我就是我，独一无二的我，一个永远无法复制的我。我喜欢走天涯，看人间烟火，而不是随便学别人。"作为摩梭人历史上第一个女大学生，杨二车娜姆说："我希望每一个人都能够成为自己生命的主人。"

我佩服她改变自己人生的勇气。现在的她已经不是那个清纯如水的女孩儿，岁月也在她的脸上刻下了痕迹。可是我相信，她会为自己创造的人生而骄傲。努力去创造自己的人生，不要再生活在别人的影子中，活出自己，才能活得漂亮。

> **井取之道**
>
> 如果把人生比作是一场赌博，那么命运就是负责洗牌的，而玩牌的就是我们自己！在人生的海洋上，我们要做自己的船长，因为只有自己才能知道自己的方向在哪里。

## 常常向后看的人，也失去了向前看的可能

生活中有太多的不如意，快乐过去，总会有悲伤，成功总是伴随着失败。我们不可能总是开开心心地过每一天，有时候，会觉得异常压抑，希望整个世界都消失掉，然后任由自己去放肆，把心中的怨恨、不满全部发泄出来。

如果你有这样的时候，说明你的心里已经积压了太多的事情，隐藏了太多的想法。这些在你心里待的时间长了，就像食物一样，也会发霉。这时，你需要敞开心扉，丢掉一些沉积的"垃圾"。曾目睹过这样一场特殊的比赛，特殊之处在于，所有的选手都是蒙着眼睛的。

大致过程就是：先把人们引到一所牵着许多绳索的房间里，让他们先熟悉这所房间。然后，他蒙上了所有人的眼睛，让他们从房间的

一头以最快的速度跑到房间的另一头。比赛开始后，人们唯恐被绳索绊倒，都小心翼翼地摸索着。只有一个人，他不顾一切地冲向终点，结果获得了比赛的冠军。其他人非常纳闷，为什么获得冠军的人没有被绊倒？原来，在比赛开始之前，房间里的所有绳索都被解开了，而最终获得冠军的那个人是一个盲人。真正阻止人们快速前进的，是人们心中的绳索。

心中有了绳索，心灵就得不到释放，就如同给自己的身体捆上了一圈又一圈的绳子，你的顾虑越多，你的压力越大，你不能释怀的事情太多，你身上的绳子就捆得越紧，直到自己不能呼吸为止。这时候你就有必要对自己头脑里储存的东西进行清理了，把该保留的保留下来，比如那些快乐的、美好的；把该摒弃的摒弃掉，比如那些消极的、痛苦的，把任何事都记在心里的人，生活是不会快乐的。

几年前一个朋友的母亲去世了。在葬礼上，朋友伤心到几度昏厥，我们除了给予一些安慰也没有别的办法。我们都认为时间长了，朋友自然会从这样伤心的状态中走出来。

没想到今年再见到她时，我几乎没有认出来，原本60多公斤的她此时看起来还不到40公斤，整个人小了一大圈儿。我还以为她生病了，关怀之下才知道，自从她母亲去世以后，她就吃不下饭，工作的时候也跟丢了魂似的。没多久，工作就丢了，这样一来心情就更压抑了。

看着朋友这样，我不由得劝说她要想开点儿，毕竟人死不能复生，没想到她一听到关于她母亲的事情就哭了起来，看着这样的她我手足无措。

很多人都像我这位朋友一样，总是对过去的事情念念不忘，尤其是一些自己不能够释怀的。殊不知，这些"陈年旧事"在你心里积压的时间长了，就会成为你的负累。适当的怀念是对的，每个人都拥有自己的回忆，但是过度沉浸，只会让你在现实生活中迷失了方向。有时候健忘是一种能力，对于一些不愉快的事情，我们就不应该把它放在心中，而是应该及时地放下。

不要让过去的事情成为我们现在生活的束缚，该丢掉的就要丢掉。上帝赐给人类最好的礼物就是"遗忘"，学会了"遗忘"，你才能够看得更远，记住更多。每个人的记忆力都是有限的，如果你始终放不下那些让你备感沉重的记忆，那么那些记忆就会慢慢吞噬掉你美好的记忆。有首歌中这样唱道："流星正是背负了太多的心愿，所以才会跌得那么重"。所以，放下过往，才能够解开捆在你身上的绳索，你才能够轻装上阵。

**井取之道**

能够给自己松绑的人只有你自己，当你愿意把那些根深蒂固的记忆一一放掉时，你将会经历轻松和得意。一个常常向后看的人，就会失去了向前看的机会。

# 第二章
CHAPTER 02

# 厘清交际边界，做个受人欢迎的人

世事洞明皆学问，人情练达即文章。人生在世，不讲求圆滑的技巧只会处处碰壁，处处有碍，广泛地与人交往是机遇的源泉。没有交际能力的人，就像陆地上的船，永远到不了人生的大海。

## 做人如铜钱，外圆而内方

我特别推崇黄炎培老先生送给儿子的座右铭中的一句话："和若春风，肃若秋霜，取象于钱，外圆内方。"仔细品味这句话，其实讲的就是人生的处世哲学。

"和若春风"告诉我们做人要外"圆"，即为人处世讲究技巧，要善于圆融地处理问题，从而使自己进退自如、游刃有余；而"肃若秋霜"告诉我们做人还要内"方"，即做事要认真，有自己的主张和原则，不被他人所左右。一内一外，将如何做人的精髓全盘托出。

如果，一个人只有"方"而没有"圆"，必然会经常碰壁，一事无成。相反，如果只有"圆"而没有"方"，多机巧，则是没有原则、没有主见的墙头草。"方圆有致"才是智慧与通达的成功之道。

曾经热播的新版《三国》为我们提供了很多活生生的例子。其中，"曹操煮酒论英雄"这一段给人留下了极为深刻的印象。

当时刘备落难投靠曹操，受到了曹操真诚的款待。刘备在许都住下后，为防曹操谋害，就佯装胸无大志，在自家后园种菜，亲自浇灌，以此迷惑曹操。一天，曹操约刘备到家中喝酒，谈起谁为当世之英雄。刘备细数袁术、袁绍、刘表、孙策、张绣、张鲁，均被曹操一一贬低。在曹操看来，英雄的标准是胸怀大志，腹有良谋，有包藏宇宙之机，吞吐天地之志。刘备问："谁能算得上这样的英雄？"曹操说："当今天下，只有你我才是真英雄。"

刘备栖身许都本是韬光养晦之计，如今被曹操点破是英雄后，竟吓得把筷子掉落在地上。当时正赶上大雨将至，打了一个响雷，曹操问刘备怎么把筷子弄掉了，刘备边低头捡筷子边说："是被雷声吓到了"。曹操问："打雷有什么可怕的？"刘备说："我从小害怕雷声，一听见雷声只恨无处躲藏。"自此曹操认为刘备胸无大志，必不能成气候，也就没把他放在心上。

其实，刘备正是采用方圆之术，巧妙地将自己的慌乱掩饰过去，从而避免了一场劫难。刘备本是一个仁义之人，为了汉室的振兴奔走一生，为兄弟两肋插刀。但同时，他又是一个足智多谋的人，懂谋略、懂圆滑才能在乱世中占有一席之地。外圆内方的刘备是一个真英雄。当然，《三国》中也不乏只方不圆之人，威名赫赫的关羽，就是一个典型的例子。

如果说关羽武功盖世，没有人质疑。"温酒斩华雄""过五关斩六将""单刀赴会"等，都是他的英雄写照。但他最终却败在一个被其视为"孺子"的吴国将领之手。究其原因，是他不懂方圆之道。他虽有万夫不当之勇，为人却盛气凌人，自命不凡。除了刘备、张飞等要好之人以外，其他人他都不放在眼里。他一开始就排斥诸葛亮，继而又排斥黄忠。他最大的错误是和自己国家的盟友东吴闹翻，破坏了蜀国"北拒曹操，东和孙权"的基本国策，使吴蜀关系不断激化，最后，落得一个败走麦城，丢了身家性命的下场，令人惋惜。

自古至今，建大功立大业者，大多是外圆内方之人。

富弼是北宋有名的宰相，一次，有人告诉他，"某某骂你"。富弼说："恐怕是骂别人吧。"这人又说："他是叫着你的名字骂的，怎么是骂别人呢？"富弼说："恐怕是骂与我同名字的人。"后来，那位骂他的人听到此事后很惭愧。

明明被人骂，却说成与自己毫无关系，这可以说是方圆之极致了。当然，这不仅仅需要对答的技巧，更需要一个宽广的胸襟。尽管富弼方圆之道，但他又不是那种是非不分、明哲保身的人。任枢密副使期间，他与范仲淹等大臣极力主张改革朝政，因此遭诽谤，一度被摘去了乌纱帽，也没有动摇他的决心。富弼处事圆滑，为人方正，不仅维护了自己独立的人格，也维护了他人的尊严，此乃真君子也。

> **井取之道**
>
> 人生也像大海行舟，处处暗藏风险，时时有阻力。如果树敌太多，必然败得一塌糊涂。因此，只有学做一枚"铜钱"，外圆而内方，才能立于不败之地。

## 你的微笑即种子，他人即土地

与人交往，最重要的是沟通，要沟通就免不了要说话。据统计，使用人口超过100万的语言有140多种，联合国指定的语言就有六种。在这么多语言当中，哪一种才能让我们和别人更好地沟通交流，能够在最短的时间内缩短我们和别人之间的距离感呢？我告诉大家一个全世界通用的语言，那就是微笑。

有时候微笑能够在最短的时间内让你得到陌生人的认可，在这一点上，初到北京打工的李兰深有体会。

今年18岁的李兰，来北京4个月了，在绍兴饭店做服务员。来自农村的她初到大城市，连普通话都说不好，给客人点菜的时候常常因为语言交流不好而出现差错。为此她不止一次地受到领班的责怪，也不止一次偷偷掉过眼泪。

也是这一年，城市的大街小巷都贴上了"学会微笑，主动微笑"的标语。李兰看到这些标语，想到自己虽然普通话不好，但是可以多微笑，这样就算顾客听不懂她在说什么，至少可以明白，她的态度是真诚的。

从那天以后，每天早晨一上班，李兰就面着微笑，用自己不太流利的普通话和顾客交流。由于饭店里面点菜要到三楼去看样品，很多顾客不理解。甚至有的顾客会认为这是饭店为了营业额所使用的手段，坚决不肯看过样本之后再点菜。其实这对于饭店来说是没有什么损失的，但是顾客就免不了因为不知道具体是什么菜而点了一些自己并不爱吃的菜，最后白白浪费掉。面对顾客的不理解，李兰依旧保持着微笑，耐心地给顾客讲解，直到顾客明白以后。每天无数次的介绍，枯燥而乏味，但微笑却从没有从李兰的脸上消失过。有顾客在饭店的留言簿上留言说"看到小李姑娘微笑，自己都会情不自禁地笑起来。"

李兰用微笑弥补了语言上的不足，找到了和顾客的沟通之道。可见，一个微笑可以使陌生变为相识，可以使相识变为相知，最终如春风化雨，滋润人们的心田。一个微笑，有时候不仅仅能够拉近人们之间的距离，也能够成为人与人之间的润滑剂，如果有人与你争吵，与其反唇相讥，不如用你的微笑来化干戈为玉帛。

邻居王大妈在自家楼前的小片空地上种了点小葱。一天张大妈一边和人说话一边走路，一不小心就踩在了王大妈的葱上，正巧被从屋子里出来的王大妈撞见。她俩素来不和，王大妈一看自己心爱的葱被踩了，一下就来了气。张嘴便骂道："你老花眼了，那么宽的路不走，偏偏来踩我的葱？"张大妈也不是好欺负的人，立刻还嘴道："我就踩了，怎么着，路是大家的，我想走哪走哪！"

眼看着一场激烈的舌战即将爆发。这时王大妈的丈夫出来了，一个和蔼儒雅的男人。只见他面带微笑，手里拿了几棵摘好的小葱，来到她们面前，说："她张姐，这葱你拿回去尝尝，这可是正宗的绿色食品。咱们邻里邻居的吵架让人笑话，您说是不？"俗话说抬手不打笑脸人，张大妈毕竟是理亏的一方，便先缓和了语气，解释道："我也不是故意的，这不是跟人打个招呼嘛，谁知一脚就踩上去了。"王大妈见人家也不是故意的，也就没有再纠缠。从此再也没见她们争执过。那片小地儿，又种上了豆角、黄瓜……还时常看见张大妈帮着浇水。

如果当时王大妈的爱人也绷着一张脸出来帮腔，估计事情就不会这么圆满地解决了。可见，微笑的力量不仅是牵动脸部的几块肌肉而已。一个微笑，可以表达出的你的真诚，一个微笑，可以表达出的善意，一个微笑，可以表现出你的礼貌……所以不要轻视微笑带来的效应。苏格拉底曾经就说过，"在这个世界上，除了阳光、空气、水和微笑，我们还需要什么呢？"原来，微笑是和阳光、空气、水一样，已经是我们生命中不可缺少的一部分了。

> **汲取之道**
>
> 如果你不知道用什么样的语言来表达你自己，那么最直观，最容易让别人理解的语言就是微笑。假如微笑是一粒种子，那么，他人就是土地。

## 为人处世的白金法则：合理的赞美

投其所好是一种投资，而且是一种投资小回报大的投资。但是人有不同，喜好也有不同，这个时候就需要你对症下药了。尤其是你在有求于人时，"心意"要送到别人的心坎上才好办事。

英国女王伊丽莎白在访问日本的时候，当时有一个日程安排是去访问日本的NHK广播电台。当时接待伊丽莎白女王的是NHK电台的常务董事野村中夫。

在此之前野村中夫得知自己要代表公司接待伊丽莎白女王的时候，就赶紧收集了一些有关女王的资料，并且进行了研究，目的就是为了在第一次与女王见面的时候能够引起伊丽莎白女王的注意，从而给女王留下深刻的印象。

野村中夫想了半天，绞尽脑汁也没有想到什么好的点子。可是就在偶然之间，他发现女王的爱犬是一种毛茸茸的狗，于是就来了灵感。

野村中夫跑到服装店里特制了一条绣有伊丽莎白女王爱犬的领带。在迎接伊丽莎白女王的那天，野村中夫戴上了这条领带。果然，伊丽莎白女王一眼就注意到了他，并且微笑着走过来与野村中夫握手。

可以说，野村中夫送出的是一件无形的礼物，因为这条领带并没有给伊丽莎白女王，而是戴在自己的脖子上，但是这件礼物却是不同寻常的，因为伊丽莎白女王深刻感受到了野村中夫的用心，感受到了野村中夫的诚意。

然而，有时候你不知道对方喜欢什么，对方也没有给你相应的暗示，那你就只能说"好话"了。也许只是一句赞美，就能令你得到你所期望的结果。但这种赞美是要出自真诚，发自内心，源于对他人的尊重和欣赏。虚情假意的奉承只会令人一眼看穿你的伎俩，反而会适得其反。

古时候，大臣段乔奉命负责修筑城墙，限期十五天完成。可是，因为天气原因，有一个县拖延了两天。段乔认为这个官员耽误了他的大事，就逮捕了这个县的官员。这个官员的儿子听到自己的父亲被捕了，十分着急，想尽了办法解救自己的父亲，都没有成功。一筹莫展之际，他听到别人说，子高是一个非常聪明的人，就找到管理疆界的官员子高，拜托子高去替父亲求情。子高看他一片孝心，就答应了这件事。

　　子高见了段乔后，没有立刻为官员求情，而是和段乔共同登上城墙，认真地打量一番，然后说："这围墙修得太漂亮了，真是一件了不起的工程。这样大的工程，并且整个工程结束后又没有处罚过一个人，这确实让人敬佩不已。不过，我听说大人将一个县里主管工程的官员叫来审查，我看大可不必，整个工程修建得这样好，出现一点小小的纰漏是不足为奇的，又何必为一点小事影响您的功劳呢？"

　　段乔听了子高的话，心中非常高兴，而且子高的话也在情理之中，于是便释放了那个官员。

　　子高是去求情的，却一个字也没有提到求情的事情，但是却令段乔释放了那位官员。他的成功之处就在于他抓住了每个人都喜欢听赞美之言的心理，把赞美之词说得合情合理，段乔听在耳朵里，高兴在心里，自然就释放了官员。

　　当你见了一个女孩儿，你要说她长得漂亮，如果她不漂亮，你也要说她可爱。那么她肯定会报之一个动人的微笑给你。当你遇到一个不问世俗的画家，你又想向他请教作画的技巧，你不妨和他聊聊李白苏轼，说不定不用你问，他也会倾囊相告。

### 井聚之道

　　为人处世之道的"白金法则"就是投其所好。这一招以取悦人为前提，容易攻破内部堡垒，很多时候，它都是一条求人之上策。

## 给嘴巴找个"守门员"

经常听到人们说"病从口入,祸从口出",可见,我们的嘴巴是一个重要的器官。尤其是在人际交往中,一句话,可以笼络一个人;一句话,也能得罪一个人。

聪明的人,会懂得如何管好自己这张嘴,就像不能乱吃药一样,话也不能够乱说。所以给自己的嘴巴找个"守门员"还是很有必要的。否则你不知道自己什么时候说漏了嘴,给自己招惹不必要的麻烦。

《晋书》记载,某次阮籍和司马昭一起上朝,忽然有侍者上报,说是有人杀死了自己的母亲。生性放荡不羁的阮籍随口念叨说:"杀死自己父亲就算了,这人怎么能杀自己母亲呢?"

一句不经思考、随性而出的话,让在场的大臣们哗然,大家交头接耳,小声嘀咕说:"阮籍这人怎能说出如此有违孝道、不知礼数的话呢?"

回过神的阮籍也意识到自己失言,对着这样一件悲剧,不但轻飘飘地评论,还说出弑父这种有违忠孝之礼的话,实在是不应该。于是,他忙解释说:"大家别误会,我的意思是,山野禽兽只知道母亲是谁,而不认识父亲。杀死父亲就是禽兽一样的行为了,此人杀母,简直禽兽不如。"

一席弥补的话，总算平息了众怒，避免了自己一时失察的无礼话语惹来杀身之祸。

每个人都有嘴巴，嘴巴有两种功能，一是吃饭，二是说话。人的话也有两种，一类是该说的，一类是不该说的。古往今来，无论是中国还是外国，因言致祸的例子可谓是多如牛毛。有时候，能言善辩能够让你比别人更胜一筹，但有时候，多说就成了自掘坟墓。

媛媛有小于和小方两个好朋友，小于是一位名不见经传的小演员，而小方是一位娱乐公众号写手。媛媛因为和这两位朋友关系都很好，于是想介绍两人认识。

这天，媛媛组了个饭局，叫两人一起出来，初次见面的小于和小方，在饭局上就寒暄闲聊起来。因小方主要写公众号娱乐新闻，便特意挑起了相关话题，想跟小于打听一下圈内的八卦新闻。

小于为人谨言慎行，又因工作环境人际复杂，并不想在朋友聚会时还谈论一些无关的娱乐八卦内容，所以简单回复两句，就想转移话题聊别的。可小方好不容易逮到一个"活的"演员，好奇心驱使下，仍然在言谈间"穷追不舍"，一会跟小于打听网上流传的八卦是不是真的，一会又问某某影视剧的内幕消息。一顿饭的工夫，扰得小于不胜其烦。

其实，像小方这样为了好奇心和一己私欲而不顾他人感受，谈话中挖掘他人隐私，选择话题失礼的人，在生活中也比比皆是。这样的人不但格局太小，显得自身素质不高，且容易得罪人，会让自己的路越走越窄，我们要引以为戒。

所以，一个懂得人际交往技巧的人应该知道在什么时候该以怎样的方式说话办事。实话不一定要直说，而可以幽默地说、婉转地说或者延迟点说、私下交流而不是当众说。同样是说实话，用不同的方式说，效果会有很大的不同。其中美国总统罗斯福的说话技巧就很值得我们借鉴。

> 那是罗斯福就任美国海军助理部长的时候。他的好朋友来拜访他，聊天时朋友问起海军在加勒比海一个岛屿建立基地的事。"你只要告诉我，我所听到的有关基地的传闻是否确有其事。"这位朋友说道。
>
> 朋友要打听的事在当时是不便公开的，可是，如何拒绝是好呢？
>
> 罗斯福望了望四周，压低嗓音向朋友问道："你能对此事保守秘密吗？""能！"好友连忙答道。"那好！"罗斯福微笑着说，"我也能！"

如果罗斯福直接拒绝他的好朋友，势必会引起那人心中的不满。不得不佩服罗斯福在人际关系上的智慧。多说不宜必自毙，不要随意搬弄别人的是非，也不要随意透露别人的秘密，成为一个人人厌恶的"长舌妇"。言多必失，祸从口出，在言语上不懂得约束自己的人，暂时的满足远远不及由此带来的灾祸。很多时候，一句恰当的话可以为你加分，而有时吃亏就是因为没能管住自己的嘴巴。管好自己的嘴巴，不要让它成为给自己惹是生非的工具。

> **井收之道**
>
> "说话"是一种艺术，说什么、怎么说，都有讲究。上帝给我们每个人两只眼睛、两个耳朵，却只给了我们一张嘴，就是告诉人类，要多看、多听、少说。

## 真正的清醒，是难得糊涂

精明的人，的确能占得不少先机，但太过精明，别人必定会因此而对他加以防范。别人和他交往起来，总是不得不小心谨慎、处处提防，以防不慎落入泥淖或陷阱。在朋友间的交往中、在事业发展的合作中、在商业经营的交易中，与那些精明过人的人相处越久就越会感到其深不可测，心术和手段太多，搞得人身心疲惫。

古语说："水至清则无鱼，人至察则无徒。"的确如此。在做人处世中，许多时候装得迟钝一点、傻一点、糊涂一点，往往比过于敏感更有利。有时，表现得对一切都明白，精明过人，并不一定是好事。要知道，物极必反，精明过了头，就是犯傻了。

现实生活往往有些人就是"眼里不揉沙子",不肯装糊涂,不肯放过每一个可以显示自己聪明的机会,经常说的话就是"应该怎样怎样,不应该怎样怎样",遇事总是喜欢先用自己的标准来判断对与错,这样的人常常是出力不讨好,原因就是不懂得难得糊涂的道理。

"糊涂"在人际交往中运用很广泛,人们经常会遇到一时会难以处理、难以解决的矛盾和冲突,人们可以借助于"故意的糊涂"来解决,有意识地拖延时间,缓和矛盾、化解冲突,以便利用最佳时机解决问题。因此,这种"糊涂"实际上就是"明者远见于未萌,智者避危于无形",是一种少有的谨慎。《茶花女》作者小仲马就善于用装糊涂的方式来保护自己。

在一次宴会上,有个爱缠人的先生盯着小仲马问:"您最近在做些什么?"小仲马平静地答道:"难道您没看见?我正在蓄络腮胡子。"胡子是自然而然生长的,小仲马故意把它当作极重要的事情,显然与问话目的不相符合。小仲马表面上好像是在回答那位先生,其实并没给他什么有用信息。小仲马自然是懂得对方问话的意思,但他偏要答非所问,用幽默暗示那人:不要再继续纠缠。

所以,巧妙地装糊涂更是一种真聪明,显示出智慧,可以给各种繁杂的事情涂上润滑油使得其顺利运转。"难得糊涂",表面上看是糊涂,其实是一种聪明。这里的"糊涂",并不是真糊涂,而是"假糊涂",嘴里说的是"糊涂话",脸上反映的是"糊涂的表情",做的却是"明白事"。因此,这种"糊涂"是人类的一种高级智慧,是精明的另一种特殊表现形式，是适应复杂社会、复杂情景的一种高级的、巧妙的方式。

为学不可不精，为人不可太精，糊涂自有糊涂的好处，日久自然显露出来。揣着明白装糊涂的态度是一种做人之道，也是一种成功之道。让精明的人糊涂，可不是一件容易的事情，郑板桥就说："难得糊涂。聪明难，糊涂难，由聪明返糊涂更难。"只有修炼到这一境界，才能把握精明做事、糊涂做人的精髓。所以，所谓糊涂的人要永葆这份珍贵的财富，让它发挥最大的效用；而精明的人则不妨少一些心机，多一些真诚，少一些繁复，多一些简单。这样，你的人生会更精彩，你的事业会更顺利。

**进取之道**

只有"糊涂"，人才会清醒、才会冷静；清醒了，人才会简单；简单而冷静的人，就是一种人生的大智慧，是为人处世低调的艺术。

## 真正的高手都懂得退让

人和人的性格大都不尽相同，但是人际交往又是我们生活中不可缺少的活动，这就少不了产生矛盾。这时候，你是怎么去解决的呢？争一时之勇，赌一时之气，拼个你死我活？还是得饶人处且饶人，忍一时风平浪静，退一步海阔天空？

小李新加入一家游戏公司，想在新环境一展拳脚。某日，领导交代给小李所在项目组一个新任务，要做公司某爆款游戏的线下活动宣传，需要做一些更具市场吸引力的活动策划方案。小李知道领导十分看重此款游戏的宣发，认为这是个表现的好机会，于是在方案初步研讨会上发言积极，提了很多自己的创新想法和建议。

会议结束后，领导要求该小组三天之内提供三套可行性方案，再进一步研讨。满脑子新想法的小李走出会议室找同组的策划前辈王姐商量方案，王姐却爱答不理地说："我看你刚才想法挺多的，要不这回三个方案都你出吧，加油，给领导看看咱们组的活力创新。"

被王姐不咸不淡这样怼回来，小李才意识到，刚才会议上头脑风暴太兴奋，言语间有些得意忘形了，惹恼了王姐。毕竟自己作为新人，各方面经验都不足，虽然想法多，但不可能独立完成三个方案。

于是，小李笑着找补说："我哪有本事出三个方案啊，刚才这不是抛砖引玉嘛，真要做好落地方案，还得您经验多、能力强，我也就会瞎出主意，落地方案就不行了。王姐，你看要不这样吧，还得你带着我来做，咱们组才能出彩。咱们研究一下方向，您就说需要什么材料，我去查找整理，咱一起搞好这次活动！"

王姐见小李说得诚恳，又愿意放低姿态包揽准备工作的杂活儿，态度便也缓和下来，随后两个人有商有量，一起合作完成了这次任务。

小李虽然经验尚浅，开始时有些得意忘形，但在发现自己和王姐冲突的苗头之后，立刻语言示弱，放低姿态，以退为进地求和，巧妙地用一段场面话避免了矛盾的激化，进而化解了工作中不必要的摩擦。

工作中我们都会有多言忘形的时候，很多人碰到这种情况，要么让话题戛然而止，立刻闭嘴收声，却造成场面尴尬，在别人心里埋下隔阂的种子，要么针锋相对，一条路走到黑，自己硬扛口无遮拦的苦果，到最后人际关系恶化发展，同事之间场面难看，不好收场。

其实不妨学习小李这样，说错话不要紧，最重要用后续的场面话找补回来。以退为进，先放低姿态捧着对方，伸手不打笑脸人，你把笑脸递过去，对方自然不会直接折你面子。再迂回放手，把握对方心理去谦让，嘴上说着所有好事"拱手相让"，把选择权让给对方。

当我们与人发生矛盾时，就要想一想，两败俱伤是不是我们所想要的结果。我想大多数人都不会想要这样的结果，没有人愿意为了一时之气，付出惨重的代价，甚至是一生的前途。聪明的人，会选择退让一步，以柔克刚，就如一块巨石狠狠地砸在了一堆棉花上，只会被棉花轻轻地包裹在中间，双方都不会有任何的损伤。

汉高祖刘邦作为"草根"出身的皇帝，在身世背景、自身能力等方面都不如项羽的情况下，最后仍能反败为胜，开启大汉伟业，与他善于以退为进，干扰对方判断的为人处世方式密不可分。

据记载，项羽称王后对刘邦一直杀心不减，只是找不到合适的理由。而刘邦也深知自己性命岌岌可危，在任何场合下，与项羽对话都谨小慎微。

某次项羽身边的谋士范增又给项羽出主意，说："我认为想杀刘邦其实不难，等今天刘邦上朝，您就问他愿不愿意受封去南郑。如果他拒绝，到时候就可以违抗王命的理由诛杀他，而如果他同意，那更好办，可以说他有谋反之心，想去南郑养精蓄锐，伺机叛乱，照样可以名正言顺地斩了他。"

项羽觉得范增的主意很好，于是待刘邦上殿，就按照事先商量好的路数和刘邦谈受封去南郑之事。

但没想到刘邦不按套路出牌，既然没直接回答去，也没回答不去。反而一副任凭处置的样子说："我接受大王您的俸禄，就是把命交给您了。我就像您胯下的坐骑，您挥鞭我就向前行走，您收辔我就立刻停止。我对您是唯命是听。"

刘邦这样一段窝囊俯首的说辞，让项羽顿时无可奈何，只好说："你要是听我的，那就别去南郑了。"刘邦遵旨，项羽也找不到杀刘邦的借口。

以上刘邦和项羽这场是否受封去南郑的谈话，就是一场刘邦取得胜利的巧妙谈判。谈判的核心问题是"去还是不去"，而刘邦作为这场谈判中绝对的弱势地位，他深知无论选择去还是不去，都是死路。于是，当机立断，以退为进，转移问题关键，把自己选择去还是不去，转变为项羽想不想让自己去，选择权抛回给项羽。这样看似俯首退让，实际上却是在迷惑对方中前进，反而将了对方一局，为自己赢得生机。

凡是一些非原则性的事情都可以选择退步，历史著名的"廉颇和蔺相如"的故事，曾令多少人为之感动。正是因为他们之间的相互退让，才没有给秦国可乘之机，忍了一口"闲气"，换来一个国家的安宁、平静。

这就是所谓的"退让之益"了。一个人要想有所作为，要想与周围的人友好相处，就必须头脑冷静，无论做什么事情，情绪激动都容易坏事。"忍"从某种程度上说，就是谨慎。人做人谨慎一点，只有益处，没有坏处。

在复杂的人际交往中，学会退步，并不代表你输了，就算是有些事情不能够令你满意，但是总会让你从中获益；事事挣个赢，吃不得一点亏，在别人眼中就会落下不好相处的印象，那么最后别人会不愿意和你来往，那时候，你就是真正的输家了。

> **井牧之道**
>
> 让步是一种雅量，是一种风度，它可以化解许多不必要的冲突，减少人际关系中的摩擦，缓解紧张的关系。

## 不想吃亏，必吃大亏

对于"吃亏"二字，我们普遍认为：谁吃亏谁是傻瓜，谁能占便宜谁就是聪明人。所以谁都不愿意吃亏，谁都想占便宜。其实不然，在人际交往中，如果只是一味地想要占便宜，人人都会对你敬而远之。

但是，往往有人就怕自己吃亏，怕到一两块钱的利益都不愿意舍弃。前几天在菜市场买菜，看见了两个人因为一块多钱，打得头破血流。

一个人一边选购菜，一边和菜主讨价还价，菜主不同意。这个人就和菜主争执起来，菜主终于同意优惠一点，可当这个人选好了菜，要付钱时，菜主还是按原价收，这人见菜主少找给了自己1元2角钱，就一肚子的不满。没想到这个菜主是一步不让，说："愿买就买，不买拉倒。"这人一听火冒三丈："我还不买了呢，你怎么着？"说完把菜往地上一扔，准备要走，菜主见状忙追上去让这人捡起来。这人就是不捡，菜主一急踩了这人一脚，这个人不服输，拿起地上的砖头就打向菜主的脑袋，菜主当场晕倒，被送入医院。这个人本来想占点便宜，结果没想到不但便宜没占到，还给自己惹了一身官司，赔上了大额的医药费。

作为旁观者，我们看到双方都有错误，可当事人就是不愿意放下那一点小利益。有时候，你觉得自己是在占便宜，其实真的就是在占便宜吗？每当遇事该吃亏的时候就不妨吃亏一下，吃点亏，让一步，不是弱者而是英雄。因为你用理性的智慧吃了小亏，避免了大亏。

每天都有人会占上便宜，有些人今天吃了亏，明天占了便宜；有些人今天占了便宜，明天反而吃了大亏；还有些人从来不想吃亏，可是事与愿违结果是吃了大亏；更有些人明知道自己吃了亏也不当成一回事，结果最后却反而占了大便宜。与人相处的时候，吃了亏，也许亏在了利益，但是赢得了人心，这是一种为人的艺术。

郑板桥有一个横幅，上面写着四个大字："吃亏是福"。可见郑板桥很有感悟，把吃亏和占便宜的事情看得很透，吃亏没有什么了不起的，吃亏是一种福分，他劝慰人们看淡世事。其实世界上的事情非常复杂，吃亏和占便宜也是相辅相成的，有些时候个别人表面看上去是吃了亏，但是实际上却占了大便宜。

有人问李泽楷："你父亲教了你一些怎样成功赚钱的秘诀吗？"李泽楷说，赚钱的方法他父亲什么也没有教，只教了他一些为人的道理。李嘉诚曾经这样跟李泽楷说，他和别人合作，假如他拿七分合理，八分也可以，那么拿六分就可以了。

李嘉诚的意思是，他吃亏可以争取更多人愿意与他合作。你想想看，虽然他只拿了六分，但现在多了一百个合作人，他现在能拿多少个六分？假如拿八分的话，一百个人会变成五个人，结果是亏是赚可想而知。李嘉诚一生与很多人进行过或长期或短期的合作，分手的时候，他总是愿意自己少分一点钱。如果生意做得不理想，他就什么也不要了，愿意吃亏。这是种风度，是种气量，也正是这种风度和气量，才有人乐于与他合作，他也就越做越大。所以李嘉诚的成功更得益于他恰到好处的处世交友经验。

吃亏是福，乃智者的智慧。不管你是做老板，还是做合作伙伴，旁边的人跟着你有好日子过、有奔头，他才会一心一意与你合作，跟着你干。

有人与朋友一旦分手，就翻脸不认人，不想吃一点亏，这种人是否聪明不敢说，但可以肯定的是，一点亏都不想吃的人，只会让自己的路越走越窄。让步、吃亏是一种必要的投资，也是朋友交往的必要前提。生活中，人们对处处抢先、占小便宜的人一般没有什么好感。占便宜的人首先在做人上就吃了大亏，因为他已经处处抢先，从来不为别人考虑，眼睛总是盯着他看好的利益，迫不及待地跳出来占有。他周围的人对他很反感，合作几个来回就再也不想与他继续合作了。合作伙伴一个个离他而去，那他不是吃了大亏吗？

任何时候，情分不能践踏。主动吃亏，山不转水转，也许以后还有合作的机会，又走到一起。若一个人处处不肯吃亏，则处处必想占便宜，于是，妄想日生，骄心日盛。而一个人一旦有了骄狂的态势，难免会侵害别人的利益，于是便起纷争，在四面楚歌之中，又焉有不败之理？

古人曰：小不忍则乱大谋。斤斤计较的人永远成不了大事。能把吃亏看成是福的人必是大彻大悟，其实我们没有必要在一些细小事情上太在意，同事之间、朋友之间、亲人之间难免会遇到一些利益关系，不要老是想着占便宜与吃亏，把原本单纯的关系利益化、复杂化。

> **井取之道**
>
> 与人相处，不是想着自己要得到些什么，而是自己能付出什么。即使吃一点小亏无所谓，但是便宜不要去占，吃得小亏，才不至于吃大亏。

## 把敌人变朋友

不论是在商场上还是在战场上，不论是针对他人还是针对自己，在我们人生历程之中总会遇到形形色色的人们，当你我之间的意见相左时，我们便可以称之为敌人。

是的！就像是需要把所有的仇恨都在敌人身上倾泻出来一样，敌人是一个让我们随时都提心吊胆的词语。因为我们无法控制住自己在面对敌人时复杂的感情，理智总会被感情的力量征服，从而导致你我犯下一个个本不应该犯的错误。

可是，敌人就应该是被打倒的吗？比尔·盖茨用行动，向我们说了"NO！"

众所周知，个人计算机行业中的两大巨头——微软和苹果，从创业之初就斗争不断。一直处于敌对状态的两家公司，为了争夺个人计算机的市场份额，一度展开了白热化的战争。然而，凭借着出色的经商才能，比尔·盖茨率领的微软公司在20世纪90年代中期，就已经占领了大约百分之九十的市场。也就是说，苹果公司只能和一些中小厂商去争夺剩下百分之十的市场。因此，苹果公司已经被微软逼到举步维艰的地步了。

然而，在1997年，比尔·盖茨却做出一个令世人十分不解的举动。他拿出1.5亿美元投资给苹果公司，把濒临破产的苹果公司从悬崖上拉了回来。没有人理解比尔·盖茨的举动，难道他的竞争对手从此倒下去不是一件幸事吗？更让人难以理解的事情还在继续发生，在2000年的时候，为了推进苹果电脑符合用户的使用习惯，微软专门根据苹果电脑的模式研制出了适合苹果平台的OFFICE 2001。从此，微软便和苹果结下了不解之缘。他们并没有成为不共戴天的仇人，也没有成为惺惺相惜的"一家人"，在彼此的竞争之中，两家公司进入了一个全新的合作领域，从而实现了彼此之间的双赢。

如果说你不理解比尔·盖茨的举动的话，那么还有件事情，更让你难以明白这究竟是为了什么。

美国的Real Networks公司为了反对微软公司的垄断经营，曾经向法院提起诉讼，将大名鼎鼎的比尔·盖茨推上被告席，并要求其赔偿十亿美元。可是，在双方之间的官司还没有最后定论的情况之下，Real Networks公司的首席执行官格拉塞竟然致电比尔·盖茨，希望他能够给他们提供一些技术上的支持，帮助Real Networks公司研发可以在网络和便携设备上播放的音乐文件。

所有人都认为，格拉塞的行动简直是一场玩笑。坐在被告席上的比尔·盖茨怎么可能同意帮助自己的对手呢，而且这个人正在通过法律手段来制裁微软公司并且还向索要十亿美元的赔偿。然而，比尔·盖茨再一次作出了惊人之举。他对格拉塞提出的合作建议非常感兴趣，并且还表现出欢迎的姿态。比尔·盖茨通过官方发言人向媒体宣布，如果双方展开合作的话，那么他一定会全力相助格拉塞。

故事似乎到此已经结束，但是在比尔·盖茨身上发生的两件常人难以理解的事情，却一直在纠缠着人们的好奇心。这绝对不是巧合，更不是比尔·盖茨一时糊涂而犯下的大错。微软的成功一方面来自于比尔·盖茨对计算机的研发，另一方面则要归功于他对商机的把握，其对竞争对手秉持宽容的态度也是竞争策略之一。

在面对对手或敌人的时候，打倒他并不是难事，难的是在一个敌人倒下去之后，你是否还有能力和勇气去面对更多的敌人？或者你在已经战斗到了王者至尊的地步时，扫除了竞争对手，你是否还能够明确地辨别出努力的方向。

有一个旗鼓相当的竞争对手，可以说是人生的一件幸事。他可以时刻提醒你在决策上的漏洞和失误，并且还能够让你随时保持着昂扬的斗志，让你打起十二分的精气神儿，积极备战下一次的决斗。

所以，不论在什么情况之下，我们都不是要打倒对手，而是要从对手身上发现更有利于自我发展的机会和目标。站到对手身边去，才能够把你的敌人变成自己的朋友，才能走上双赢的道路。

> **井取之道**
>
> 所谓的敌人，有时恰是驱动自我成长的最直接动力。如果能够以恰当的方式与对方进行合理化的沟通和学习，就能在彼此共同成长的前提下，实现双赢。

## 言而有信，人恒信之

一个良好的人际交往形象离不开信誉，因为每个人都愿意和言而有信的人打交道，一个有信用的人能够做到言行一致，别人可以通过他所说的去判断他所做的，从而才能够确定这个人是不是值得自己信任，是不是值得自己交往。

所以，你必须重视你说过的每一句话，对别人许下的诺言就要尽力去办到。否则不但会给别人的感情造成伤害，也给自己的声誉带来了不好的影响。

  齐桓公归国即位后，任用管仲、鲍叔等贤人治理国家加强军事实力。齐国逐渐强大，开始吞并邻国。

  齐桓公五年，桓公派兵攻打鲁国。鲁国在位的庄公派大将曹沫迎战，结果连连失利。鲁庄公害怕了，请求割地求和，齐桓公同意了，于是双方会盟于柯地。

齐桓公与鲁庄公坐在盟坛上谈判，曹沫突然拿着匕首劫持齐桓公。齐桓公的左右一时都愣住了，不敢轻举妄动。管仲沉住气问曹沫："你这是要干什么！"

曹沫回答："齐强鲁弱，你们以强凌弱，强占我们鲁国土地，太欺负人了！我现在就要求归还那些土地。"

齐桓公君臣见状于是答应全部归还鲁国侵地。曹沫于是扔下匕首，走下盟坛，神色不变。

齐桓公暴跳如雷。管仲劝他说："现在我们是在诸侯面前答应了别人，如果因为贪图小利而失信于天下诸侯，我们就会处于被动，孤立无援，不如归还侵地，以此来取信天下诸侯，树立我们齐国的信誉。"

齐桓公听从了管仲的劝告，把战胜得到的土地都归还鲁国。齐国因此威望大增，各诸侯国也都想归附齐国。

齐桓公因为遵守信誉，肯于放弃小利，顾全大局，得到各诸侯的信任，最终成为春秋五霸之一。

所以说不论是国家、公司还是个人，要想成就事业，除了靠实力之外，还要讲求信誉，以信取人，不要顾小利忘大局。

国与国之间是这样，人与人之间也是如此，没有什么比诚笃守信、取信于人更加重要的了。对于那些轻易许下诺言，却又很少遵守的人，只会给身边的人留下一个言而无信的坏印象，渐渐地你就会被身边的人疏远。

不管你是在什么情况下办什么事情，总要对自己说的话负责。你要用自己的行动说服别人的异议，要让他们亲眼看到你所做的都是为了他们的利益。为了遵守承诺，有时候甚至需要牺牲自己的利益，给人一个可信的面孔。

汉灵帝末年，朝野动荡。华歆和王朗二人准备一同乘船逃难，就在他们准备登船的时候，从远处慌慌张张地跑过来一个人，此人央求华歆和王朗能够带上他一起逃难。华歆对此显得有些为难，但是王朗却说："做人应该大度一些，搭船而已。"便让那人上了船。

没过多久，强盗就追上来了。王朗见状，就想把搭船的人扔掉，此时华歆说："我刚才的犹豫就是怕此人给我们招惹麻烦，但是现在我们既然已经接纳了他，他把性命交给我们，就是对我们的信任，我们不能因此而抛弃他。"

后人经常以这件事情来衡量华歆和王朗的为人。在现实生活中，讲信用，守信义，是立身之本，是一种高尚的品质和情操，它既体现了对人的尊重，也表现了对自己的尊重。无论你处在什么位置上，你的信誉越好，你周围的朋友也就会越多，相反，如果你总是失信于人的话，别人渐渐地就会与你疏远了。就我们自己而言，也不愿意和一个不信守承诺的人在一起。

许多时候，对于我们自己许下的诺言，我们可以付出自己的努力去实现；但有些时候，许下的诺言常常会因为一些客观的因素而导致无法实现。这个时候，你就要拿出百分百的真诚，向你对之许诺的人表示歉意，不要去顾虑是否会有损自己的颜面，要知道答应了却办不到，又没有道歉的，才是真正地丢失了面子。我相信，只要你真诚地道歉了，就一定会得到对方的谅解。

> **井取之道**
>
> 做一个受欢迎的人，首先就要做一个诚实守信的人。要言必行，行必果。要懂得"生来一诺值千金，哪肯风尘负此心"。

## 高调做事，低调做人

在人际交往中，既想要高人一等的地位，又想要来自别人的尊重，并不是一件容易的事情。通常情况下，人一旦有所成就，都会不自觉地抬高自己的地位。那些认为自己很了不起的人，常常口若悬河、好出风头，一点也不掩饰自己的能力。时间长了，就会让周围的人感到反感，甚至是厌恶。

法国一位哲学家曾说过："如果我想树立敌人，只要处处压过他、霸占他就行了。但是，如果你想赢取朋友，你就必须让朋友超越你。"

无论你采取什么方式指出别人的错误：一个蔑视的眼神、一种不满的腔调、一个不耐烦的手势，都有可能带来难堪的后果。你以为他会同意你所指出的吗？绝对不会！因为你否定了他的智慧和判断力，打击了他的荣耀和自尊心，同时还伤害了他的感情。他非但不会改变自己的看法，还会进行反击，这时，你即使搬出所有柏拉图或康德的逻辑也无济于事。

我们翻阅历史，注目现实时，往往还会发现：越是低调做人者，往往越能成就大事；越是功成名就者，往往越是低调做人的典范。

十九世纪的法国著名画家贝罗尼，有一次去瑞士度假，他每天背着画架写生。有一天，他在日内瓦湖边正用心画画，旁边来了三位英国女游客，在一旁指手画脚地批评起来，贝罗尼也听从意见一一修改，事后还向她们致谢。第二天，贝罗尼有事到另一个地方去，在车站碰到昨天那三位妇女正交头接耳在谈论些什么。过一会儿，那三个英国妇女看到他了，便朝他走过来，问他："先生，我们听说大画家贝罗尼正在这儿度假，所以特地来拜访。请问你知不知道他现在在什么地方？"贝罗尼朝她们微微弯腰，回答说："不敢当，我就是贝罗尼。"三位英国妇女大吃一惊，想起昨天的不礼貌，一个个红着脸跑掉了。

其实，才识、学问愈高的人，在态度上反而愈低调与谦卑，所以才能精益求精，扶摇而上。也正因为如此，他们往往更具有容人的风度和谦卑的雅量。

低调做人既是一种姿态，也是一种风度、一种修养、一种品格、一种智慧、一种谋略、一种胸襟。低调做人不仅可以保护自己、融入人群，与人们和谐相处，也可以让人暗蓄力量、悄然潜行，在不显不露中成就事业；不仅可以让人在卑微时安贫乐道，豁达大度，也可以让人在显赫时持盈若亏，不骄不躁。

低调做人，并不是自卑自贱，是有傲骨而不显傲气。这样做，你取得了成绩，周围的人会为你高兴，倘若你遇到了挫折，也不会换来别人的冷嘲热讽。俗话说："花要半开，酒要半醉"，做人就是这个道理，不能够太锋芒毕露，要懂得隐才藏志。低调做人，同时也是保护自己的一种办法。

荀攸是辅佐曹操的大臣，在曹操身边20年，从来没有人到曹操那里进谗言加害于他，也没有因为得罪过曹操而引起曹操的不悦。在曹操身边做事，能做到这一步十分不容易，曹操的嫉妒心理极强，稍有不慎，可能就是人头落地的下场。

荀攸是一个很会做人的人。他平时十分注意周围的环境，参与军机，他聪慧过人，连出妙策；迎战敌军，他奋勇当先，不屈不挠；对曹操，对同僚，他从来不争高下。总是表现得很谦卑、怯懦，甚至是愚钝。

一次，他的表兄弟辛韬询问他曾经帮助曹操谋取冀州的情况，他极力否认是自己的功劳，说自己什么也没有做，对自己的功勋守口如瓶，讳莫如深。正是因为他善于谨以安身，避招风雨，他才能在复杂的政治漩涡中从容自如，在极其残酷的人事倾轧中，始终地位稳定。

荀攸拥有的是大智慧，他懂得低调才不会处处碰壁，他的高明之处就在于，有能力做高调的事情，却从来不高调地显露出来。"木秀于林，风必摧之"，这是自然界的规律，也是人际交往中的法则，树大招风，太过招摇，只会惹祸上身。

然而，低调并不是目的，低调是为了不鸣则已，一鸣惊人。低调做人是高调做事的润滑剂和推进器。做事是根本，高调做事是要你不要以平庸的目标衡量自己。是要你从一开始就能站得比别人高，看得比别人远；是要你有绝对负责的责任心，并在执行中不找任何借口；是要你比别人付出更多、做得更快，并且不单枪匹马逞英雄；是要你贡献功劳而非奉献苦劳；是要你不屈不挠、愈挫愈奋，努力向卓越迈进。

### 井取之道

古人云："欲成事先成人。"低调做人，高调做事，是一门精深的学问，也是一门高深的艺术，也是一生做人的准则。遵循此理能使我们赢得一个涵蕴厚重、丰富充实的人生。

## 所谓人情世故，就是巧妙处理尴尬

尴尬是每个人都不愿意碰到事情，因为那将意味着你遇到难以解决的事情了，或者是当众出丑了，那样的感觉比受到公开的批评更让人难受。当遇到这样的情况，已经出了丑了，再挽回也是于事无补，倒不如学会自嘲，用幽默来化解尴尬，把快乐带给大家，这样尴尬就能够以和谐收场了。

主持人是公认的反应能力强的，在一次现场演出中，让我真正见识到了。

那是大型的节目主持现场，英俊潇洒的主持人一边和台下的观众打招呼，一边向舞台中间走来，也许是台下的观众太热情了，主持人太过高兴，竟然忘记了脚下的台阶，结果结结实实地摔在了舞台上。在台下的观众立刻大笑起来。只见这位主持人不慌不忙地站起来，自嘲道："本来想给大家表演一个前空翻，结果功夫不到家。所以只好请大家看下面的杂技表演了。"

一番自嘲话让节目顺利进行，还给自己化解了尴尬的境遇。

但有时我们还会遇到这样的情况，就是自己做丢人的事情，但是身边的人有意无意地会当众说出一些我们身上的短处，或者是不愿意让人知道的事情。这时候，从我们内心来讲，是很生气的，恨不得立刻把那个人教训一顿。但如果那个人不是故意的，那么这样的行为，就会让他记恨在心，也许朋友就成了敌人；同时，在身边的人看来，你就是一个没有风度的人。

在西方，倘若某人缺少甚至没有幽默感的话，人们就会说："这家伙完了，他失败了。"这方面来讲，萧伯纳绝对不失败。

> 据说，在一次的宴会上，萧伯纳遇到了一个胖得像啤酒桶一样的人，那个人听说萧伯纳的才华，十分妒忌，就想要当众挖苦他一下，于是，他看着萧伯纳说："如果是外国人看见你，还以为英国人都在饿肚皮呢！"
>
> 萧伯纳知道对方是在取笑他身材干瘦，非但没有生气，反而谦和地说："如果外国人看见你，就会找到饥饿的根源了。"
>
> 萧伯纳的回答，引来了周围人群的一片笑声。包括那位试图嘲笑萧伯纳的人，也不得不笑起来。

看来，幽默感可以让你成功地避免和他人之间的冲突，同时也能够有效地缓解自己的紧张，不但不会造成任何的损失，更不会伤及别人的面子。更主要的是，把你自己从尴尬中解脱了出来。与人的交往中，遇到别人的抢白、奚落、挖苦、讽刺都是在所难免的，机智的人，会调动自己的智慧，让尴尬烟消云散。即便是对方来者不善，也不会正面与其发生冲突，礼貌而又巧妙的回击才是最有力度的。

国际交流会结束之后，一位外宾看到酒店里带有冰墩墩图案的抱枕非常可爱，就顺手将它抱在怀里。退房的时候，前台小姐发现房间内少了一个冰墩墩抱枕，而客人手中抱着的正是那个抱枕，抱枕虽然价格不高，但都是限量版的，真要是被客人拿走，再买个同款的可能要等很长时间。要怎么才能让客人主动放下手中的冰墩墩抱枕呢？

经过一番思索，前台小姐不露声色地拿出一个精致的带有冰墩墩图案的购物袋，对外宾说道："先生，今年中国成功举办了冬奥会，冰墩墩也跟着火了起来，'一墩难求'成为常态。我发现先生在见到我们酒店门口的冰墩墩时几次拍照留念，想必对冰墩墩也是爱不释手。非常感谢您对冰墩墩的喜爱，为了表达我们作为东道主的感激之情，经主管批准，我代表本店，将您手中印有冰墩墩图案的抱枕以五折的优惠卖给您，您看好吗？"

那位外宾当然会明白这些话的弦外之音，在表示谢意之后，说自己是酒后头脑发晕，一时兴起看这个抱枕可爱才抱了出来。并且聪明地借此"台阶"，说："既然大厅有冰墩墩的塑像，我还是多拍几张照片留念，抱枕留给下一位来你们这里入住的客人吧，我就'忍痛割爱'了！哈哈哈。"说着将抱枕恭敬地放回前台，不失风度地退房离开了。

俗话说得好："一句话说得让人跳，一句话说得惹人笑！"试想，案例中的服务员如果直接向客人要抱枕，客人恐怕会十分尴尬，甚至因此气急败坏。可如果不要，酒店的损失谁负责？点到为止的做法既保全了客人的颜面，又避免了酒店损失，一举两得。

我们在人际交往中，也难免会遇到类似棘手犯难的事情，幽默机智的回答，往往会令你化险为夷，改变窘态，让尴尬的局面在和谐中消失得无影无踪。事态的变化常常会出现让我们深处尴尬的局面，尤其是在一些社交场合中，用幽默来化解尴尬，不失为一种良好的修养，同时也会让你在社交中充满魅力，在人们的眼中，你就是一个可爱而又充满人情味的人。

> **井取之道**
>
> 幽默常常能够化干戈为玉帛，融僵持为沟通，化沉重为轻松，拉近人与人之间的距离。幽默地化解尴尬，乃谈话处世之最佳境界。

## 所谓情商高，就是会说话

很多人认为说话直来直往是坦率的表现，但是往往直言直语所说出来的话都是欠考虑的，只想到自己"不吐不快"，而没有考虑到别人的立场、观念、性格和感受等方面的因素。这样，你说出来的话，往往就会成为伤人的"利剑"。

小时候最怕的事情莫过于生病吃药了，这个时候妈妈说吃完了药就买糖吃，我就会乖乖地把药吃掉。妈妈在小时候用在我身上的办法，在如今的人际交往中，同样也适用。当有人求你帮忙，但你实在是办不到，此时，你要是直言拒绝，一定会让对方受到伤害，但是你要是能够把自己的话拐个弯，同样别人也能明白你的意图，就不会为难你了。可是这弯怎么拐呢？

曾经有两家公司就双方谈判的地点进行谈判，甲方说："我们的意思是下一次谈判的话还是在北京吧，这样大家都方便一些，不知道贵公司觉得如何？"而乙方随即回答说："在北京谈判是很方便，不过我们老总对北京的饭菜还是吃不习惯，特别是上一次谈判我们下榻酒店的饭菜根本就不符合我们老板的胃口。"

甲方听完之后说道："那么您觉得北京小吃如何呢？"

乙方回答说："我觉得还可以，不过我和我的老板还是喜欢南方菜。"

通过上面的对话我们不难发现，乙方就是用"老板不习惯北方的饭菜"作为借口，拒绝了甲方要求在北京进行谈判的建议，而且还暗示出自己希望去南方进行谈判的想法，可以说是一举两得。

如果拒绝的话太过直白可能会让对方感到尴尬，自己的面子上也过不去，所以这就需要采取一些巧妙而委婉的拒绝方式，从而达到一个既向对方说明了自己不愿意做这件事情的目的，又能够将对方的失望和不满情绪降到最低点，不至于影响到你们之间的关系。

这种例子在生活中还有很多。

王敏去宋娟家做客，结果两个人聊了很长时间，王敏也没有要走的意思。出于无奈，宋娟只好对王敏说道："对了，我昨天刚买了一本书，非常不错，我带你去书房看看书吧。"

王敏听完之后立刻就来了兴趣，于是和宋娟来到了书房，等到她把书看完，宋娟机敏地说道："看累了吧，咱们要不回客厅坐坐吧？"这个时候，王敏看了看窗外的天色，说："天不早了，我也该回去了。"

宋娟就是通过这样聪明的方式达到了自己的目的。当然，想通过隐晦的方式把你的意思表达出来的方法还有很多，这些方法既维护了你们之间的良好关系，又不至于因为别人的事情而耽误自己，实在是两全其美。

做老实人，说老实话是待人处世的一条准则，但是，不见得这样做就能让你更受大家的欢迎。中国行为模式很特殊，最明显的一点就是表面上是这样，但事实上却可能夹带了另一层意思。就好像每个人都说自己喜欢直来直去的人，但是真正遇到直来直去的人，也许就会受不了对方的直接。做老实人没有错，但是说话太老实，就有欠妥当了。

当你想要给别人建议，或是对别人的行为作出批评时，如果丝毫不加掩饰地提出来，别人势必难以接受。有时候，言语中多一些技巧，就像是苦药外面的一层"糖衣"，这样更容易让人接受，同时也不会招来别人的记恨。尤其是在给一些有权势的人提出建议时，更要注意自己的方式。

朱元璋打下了江山后，以为以后都不用再劳神费心了，但是没想到刚刚坐上龙椅，一个棘手的问题就摆在了他的面前，就是册封百官。因为功臣有数，但亲朋好友也不少。如若册封，无功不受禄，只怕招来群臣的不满；如果不封，面子上又过不去。

朱元璋拿着花名册，不知如何是好的样子被军师刘伯温看在了眼里。刘伯温看到了皇上的难处，但是又不敢直谏，一来他怕得罪了皇亲国戚，二来他怕冒犯了皇帝，落下罪名。可是国事当头，不能视而不见。思来想去，他想到了一个办法，画了一幅人头像，人头上长着束束乱发，每束发上都顶着一顶乌纱帽，然后把这幅画献给了朱元璋。

朱元璋看到刘伯温的画后，立刻就明白了刘伯温的用意，这幅画表现的是"官（冠）多则法（发）乱。"刘伯温此举不但没有伤及朱元璋的面子，不犯龙颜，还道出了自己的谏言：官多法必乱，法乱国必倾，国倾君必亡。话中有话，柔中有刚，可算是高明的劝谏之道。

在皇帝面前提建议，就等于提着自己的脑袋说话。刘伯温不愧为军师，想出这样高明的劝谏方法。"说话拐个弯儿"，明眼人一下就能明白你的意思，既不伤害他人的颜面，又能达到自己预期的目的，何乐而不为呢？直言直语是表现出了为人的坦率，但是，却远远不及"把话拐个弯儿"有效果。

在人际交往中，当你发现了他人的缺点或者不足之处，必须要和对方说的时候，与其直接指出，不如委婉含蓄地相告。直接指出，也许会让对方更明确你的用途，但是这样的方式不是人人都可以接受的。为了以防万一，还是采取"拐弯儿"说话的技巧吧，既能达到你的目的，也能避免冲突的发生，可谓是一举多得。

**井取之道**

正理歪说，是说话人语言技巧高超的表现。所谓"曲径通幽"，轮船要靠绕，才能避开险滩暗礁，一帆风顺。

# 第三章
CHAPTER 03

## 认清生活本质，你就会成为财富的主人

金钱：可以买"珠宝"，但不能买"美丽"；可以买"房屋"，但不能买"家庭"；可以买"娱乐"，但不能买"快乐"；可以买"玩伴"，但不能买"朋友"。

## 依靠诚信获得永恒的财富

孔子曰"不义而富且贵，于我如浮云。富与贵，是人之所欲也；不以其道得之，不处也。"这句话的意思是用不义的手段得到富与贵，对于我，那些富与贵就如同天上的浮云。发财和升官，是人们所希望的，然而若不是用正当的方法去获得，君子是不接受的。这句距今两千四百多年的话到了今天依然适用，那些成功人士无一不是靠诚实赢得了信誉，才使自己的事业如日中天的。

知道李嘉诚的人，都知道他拥有令人羡慕的宏基伟业。但是他给我印象最深的却是他那谦和的待人处世态度和他做任何事情的诚信态度。我想就是因为这些特质才成就了他今天的事业。

在李嘉诚还在开塑料花厂的时候，有位欧洲批发商看中了李嘉诚的企业，想大量收购，可这时刚好李嘉诚的企业资金发生了问题，所以那位批发商在和李嘉城做生意之前附带一个条件，那就是找一家实力雄厚的公司或个人做担保。然而，没有人愿意担此风险，李嘉诚不得不想另外的方法来寻求合作的可能性，那就是开发新产品，时间紧迫，他不眠不休地赶出了9款样品。第二天他带着新样品连忙去和那个批发商交涉，他用自信而执着的口气说："我没有找到合适的担保人，但请你相信我的信誉和能力，我的原则是做长生意，做大生意，薄利多销，互利互惠。"批发商听完他说的话，微笑着说："我早已找好一个担保人了，那个人就是你，你的真诚和信用就是最好的担保。"这次生意的成功使李嘉诚的公司又上了一个台阶。

李嘉诚收购和记黄埔后，企业涉及的行业和专业越来越复杂，仍然还有着建厂时进厂的老员工。正是用他自己的一句话就是"你必须以诚待人，别人才会以诚相报。"这也是为什么李嘉诚能用7亿资产的中小型企业，成功地控制资产价值60亿的香港第二大英资洋行和记黄埔。就是因为他的诚信使人们信服了他。

李嘉诚的奋斗史，很多人都视为传奇，但是唯有诚信是不容置疑的。不管你现在做什么工作，哪怕只是一个小小的职员，想要发展自己的事业，想要有一番作为，诚信是绝对不可丢掉的。

成刚是一家著名房地产公司的老总，年仅38岁。很多人都说他少年得志，前途不可估量。面对众人的恭维，他只会报以轻轻一笑。只有他自己知道他的少年曾经是怎样的不得志，自己的前途要怎样去做才能真正无量。

20岁时候的成刚，大专毕业，一个不怎么热门的专业让他在找工作的道路上处处碰壁。最后终于有一家房地产公司聘用了他。他以为靠自己的勤劳总会闯出一片天。别人吃饭的时候，他一手拿馒头，一手拿楼盘资料。假日，别人在家里休息，他却顶着烈日辗转在各个小区之间跑楼盘。结果一个月下来，他的业绩却是最差的，成交量为零。

"皇天不负有心人"这样的话在他身上彻底失效了。究其原因，不是他的介绍不到位，也不是他的态度不诚恳。而是他说了太多的实话。比如月中他接待的那对年轻夫妇，他们准备买套二手房。开始听了成刚的介绍觉得很满意，不管是户型、地段还是价格都比较合心意。更主要的是房子看上去有七成新。结果在那对夫妇准备付款的时候，成刚却告诉他们说这房子还要花一万多块钱重新装修一下，因为它的房顶有些问题，不修的话无法正常入住。那对夫妇一听，就放弃了这个房子。每一次的生意都是在成刚的大实话下夭折了。最后老板忍无可忍，说自己不是花钱雇人来揭他老底儿的。就这样成刚被开除了。接连以后的几家公司也都是因为这个原因解雇了成刚。

走投无路的成刚只好打起了自己创业的算盘，他向家人向朋友借了一些钱，成立了一个小小的房屋中介所，员工老板都是他一人，开始时候生意很冷淡，但是他始终没有放弃诚信做人的原则。慢慢地很多人知道他是这个城市中最诚实的房屋中介，纷纷来找他买房，一次不满意的第二次还会来找他。就这样，从一个只有一个人的房屋中介所发展成了今天拥有上万人的房地产公司。

他的成功经验就是四个字"诚信做人"。他因为诚信而得到的远远比他因为诚信而失去的东西要多得多。不管再过多久，公司发展得再大，他也不会摒弃这个做人的原则。人们常说的一句话就是"无商不奸"，似乎只有奸诈的人才能发财，老实人却注定要吃亏。其实，诚实才是商界里推崇的东西，靠玩弄心机来取得财富的人，最终会自掘坟墓。

> **井取之道**
>
> 人无信而不立，诚信正直带给你的是永恒的财富。纵使你已经是百万富翁，如果为富不仁，也会让你的财富毁于一旦。

## 永远不吃免费的午餐

"懒惰"是一个很有诱惑力的怪物，人的一生中谁都会与这个怪物相遇。谁都曾幻想过天上可以掉下来个肉饼，让自己美美地吃一顿免费的午餐。可是在我们的生活中，天上是不会掉馅饼的。

当我们为了生计而劳累的时候，不免会羡慕那些不用整日奔波就能过上舒适生活的人，其实我们所羡慕的人，并不是我们所看到的那样舒适，只是他们奋斗的时候我们没有看到罢了。有努力，才会有收获。有一分努力，便有一分收获，在这个世界上没有一劳永逸的事情，只有早起的鸟儿才有虫吃，然而很多人却不明白这个道理。

无论是刚刚参加工作的年轻人，还是早已经步入职场多年的老前辈，都无一例外地想要寻找一条通向成功的捷径。有的人找到了，有的人在众里寻它千百度的时候，猛然回头，才发现成功的取得和"勤"字是分不开的。

古人云："天道酬勤"，就是在告诫人们，只有不断地努力，才能得到上天的眷顾。那些取得成就的人，他们也不过是一个普通人，翻开史册，你会发现每一个有所成就的人，他们的成功99%来自于自己的努力。

王羲之自幼酷爱书法，几十年来锲而不舍地刻苦练习，终于使他的书法艺术达到了超逸绝伦的高峰，被人们誉为"书圣"。

13岁那年，王羲之偶然发现他父亲藏有一本《说笔》的书法书，便偷来阅读。他父亲担心他年幼不能保密家传，答应待他长大之后再传授。没料到，王羲之竟跪下请求父亲允许他现在阅读，他父亲很受感动，也就答应了他的请求。

王羲之练习书法很刻苦，没有纸笔，他就在身上画写，久而久之，衣服都被划破了。有时练习书法达到忘情的程度。一次，他练字竟忘了吃饭，家人把饭送到书房，他竟不假思索地用馍馍蘸着墨吃起来，还觉得很有味。当家人发现时，已是满嘴墨黑了。

王羲之常临池书写，就池洗砚，时间长了，池水尽墨，人称"墨池"。

没有人一出生就能具备某种技能，王羲之也是如此。就如同我们在工作中，没有人从一开始就能把工作做得得心应手一样，但是做同样的工作，一段时间后，有的人就能做得很好，有的人还是原地踏步，原因就在于在适应工作的过程中你有没有努力。

在工作中，想跨入优秀的行列，勤奋是必不可少的工具。因为勤奋是优秀员工做好事情、达成目标的根本。事实上，任何领域中的优秀人士之所以拥有强大的执行力，能高效地完成任务，就是因为他们勤奋，他们所付出的艰辛要比一般人多得多。就比如李嘉诚，当我们佩服他在事业上的建树时，也应该想到他为此付出了多少努力。

曾有记者问李嘉诚成功的秘诀，李嘉诚没有直接回答，而是讲了一则故事：

69岁的日本"推销之神"原一平在一次演讲会上，当有人问他推销的秘诀时，他当场脱掉鞋袜，将提问的记者请上台，说："请您摸摸我的脚板。"

提问者摸了摸，十分惊讶地说："您脚板上的老茧好厚呀！"

原一平说："因为我走的路比别人多，跑得比别人勤。"

提问者略一沉思，顿然醒悟。

李嘉诚讲完故事后，微笑着说："我没有资格让你来摸我的脚板，但我可以告诉你，我脚底的老茧也很厚。"

李嘉诚的成功，就离不开他的勤奋。高尔基说："天才就是劳动。"是啊，成功就是一分天才，九十九分的血汗。任何事情都是一分耕耘一分收获，只有你付出了艰辛的劳动，才能收获丰硕的果实。

工作也是如此，那些在公司中成为佼佼者的人，无一不是加班时间比别人长，休息时间比别人短的人。一个进取的人，会把每一分每一秒都用在补充自己的业务知识上，让自己的业务水平高出别人一筹。

成就自己的事业，除了要有激情昂然的雄心，还要付出比别人多几倍的努力。许多既不缺乏情商也不缺乏智商的人没能使自己的基业长青，这不是社会的责任，也不是环境所迫，更不是命运的捉弄，而是他缺少勤奋努力的习惯。

马克思勤奋读书撰写了巨著《资本论》；居里夫人勤奋实验发明了新元素；巴尔扎克勤奋写作给后人留下"人间喜剧"。大凡有所作为的人，无一不与勤奋有着难解难分的缘分。

### 进取之道

成功从来不会从天而降，守株待兔你得到的永远只是一只兔子。你要想得到成千上万的兔子，就要付出辛勤的劳作。

## 不要丢了西瓜捡芝麻

俗话说得好，放长线才能钓大鱼。相反，做事太贪图眼前的利益，拘泥于眼前成败得失的人往往会丧失更大的成功。

贪图眼前利益很容易让人在做事时只见树木而不见森林，心里常想眼下有多少利益，能拿到多少好处，往往会丧失更长远、更巨大的利益和好处。这个世界上，很多事表面上看来是能获利的，但是整体看来却是损失，而只有目光长远的人才不会被此迷惑。

不可否认，人人都是为利益而活的，民间有谚道："天下熙熙，皆为利来，天下攘攘，皆为利往"，利益二字在每个人的心目中分量都不一样的，但真正懂得在做事时适当放弃眼前的"芝麻小利"，而收获的是意想不到的"西瓜大利"。

二战时期，联合国还在酝酿筹划之中。当时，这个全球至高无上、最有权威的世界性的组织，竟没有自己的立足之地。刚刚成立的联合国机构还身无分文，让世界各国筹资吧，负面影响太大。联合国对此一筹莫展。

听到这个消息后，美国著名财团洛克菲勒家族经过商议，果断出资870万美元，在纽约买下一块地皮，无条件地赠与了当时的联合国。同时，洛克菲勒家族将毗连这块地皮的大面积地皮也全部买下。

对于洛克菲勒家族的这一举动，当时许多美国大财团都吃惊不已。许多财团和地产商甚至嘲笑说："这简直是愚蠢之举！这样经营不到10年，著名的洛克菲勒财团便会沦为贫民集团！"但出人意料的是，联合国刚刚建成完工，毗邻的地价便立刻飙升起来，相当于捐献款的数十倍、上百倍的巨额财富源源不断地涌进了洛克菲勒家族财团，这个结果令当初嘲笑和讥讽的人们目瞪口呆。

洛克菲勒家族当初的亏吃得也确实有点大。但谁知道这却是一种大风度、大智慧、大胆识。捐献的结果让自己大获其利，真可谓名利双丰收。

凡是在生意场上有所建树的人都是很会"算计"的，他们在经营过程中都善于用一时的损失和痛苦作代价，换取巨大的市场和利益。这种"算计"就是丢掉了芝麻，捡西瓜。他们往往明知不可为而为之，靠的就是比别人看得更宽，想得更全面，更深远，思维更有深度。

美国人爱德华·法林，看准了美国人希望商品物美价廉，喜欢标新立异的心理，在波士顿市市中心开了一家商店，他的商店有一种特别的经营方法：商品标出价格和首次上货架的日期，头12天按所标价格出售；从第13天起，按原价的3/4销售；再过6天，按原价的一半销售；再过6天，按原价的1/4销售；如果再过6天仍未卖出，商品就送慈善机构。

法林的商店能否生意兴隆？人们纷纷表示怀疑。很多人说法林傻，如果顾客等到商品价格降到最低时来购买，商店岂不大亏？但法林信心十足，他这样推测顾客心理：陈列在这里的商品，都是价格便宜的，自己不买，别人就会买走。事实上，好些商品往往未经再次降价就被人买走了。

法林创办的自动降价商店，不仅着眼于满足顾客的需要，还着眼于社会宏观的经济。他认为，任何企业在顺应瞬息万变的市场需求时，总会有脱节的时候，自动降价销售对于处理滞销商品会有很大作用，从而有利于社会再生产的顺利进行。

俗话说："舍得金弹子，打中巧鸳鸯"。这句话是指放弃一些小的利益来换取大的胜利，来达到提高企业信誉，增加盈利的目的。

一位患胃溃疡的病人，正为没有钱去医院治疗而发愁，他的一位朋友告诉他，电视里有则广告说，有一家专治胃溃疡的诊所，为患者提供免费治疗。

晚上，那位病人在电视里真的看到了那则广告，广告里讲："你是不是得胃溃疡了？如果是的话，那么你现在就该和医生约定时间前去就诊。你如果被确诊为胃溃疡，你将得到免费治疗，而且，你每次到这里治疗时，还将得到诊所支付的25美元报酬……"

千真万确的电视广告，给这位经济上十分贫困的患者带来了福音。第二天一早，这位患者就来到电视里介绍的伍德曼·珀卡尔诊所。他看到许多和他一样慕名而来诊治的病人，已坐满了这间本来就不太宽敞的屋子，两位戴眼镜的医师，正在和蔼地询问病人的病情，这位患者看到，被确诊为患了胃溃疡的病人，真的从服务小姐那里领取了25美元的报酬。

诊所刚刚开张营业，患者便蜂拥而至。按照常理，这样的赔本买卖，诊所岂不注定要关门吗？原来，诊所通过给胃溃疡病人诊治，可以获得大量可靠的第一手医疗研究资料和数据。利用这些数据和资料，可以争取仪器与药物管理局批准制造新产品。药物实验室每实验成一种新药物，两位经营者便可以获利500万美元，可见伍德曼·珀卡尔诊所确实是舍小取大的大赢家。

这种表面上是损失了，其实是赚到了，除了金钱，还赚到了口碑，可谓是一举两得。有时候把小钱看得太重，这样的结果通常是失去的就是大钱。这就要求做人不能够太小气，不能把金钱看得太重，当你只盯着眼前这一小部分利益时，其实你已经损失了得到更多利益的机会。

> **舍取之道**
>
> 成功学大师卡耐基先生有句名言："太计较小钱的人是挣不到大钱的。"分清芝麻和西瓜，才能明白什么是应该把握的。

## 会挣钱，更要会花钱

很多人辛辛苦苦攒钱，为了后代节衣缩食，希望能给后代留下一点财产，其实是真没有必要。虎门销烟的英雄林则徐家中的一副对联写道："子孙若如我，留钱做什么，贤而多财，则损其志；孙不如我，留钱做什么，愚而多财，益增其过。"这句话的意思就是，留下钱财给子孙，不但不能够帮助他们什么，反而会让他们放弃了努力、放弃了自己的追求。

想一想我们挣钱是为了什么呢？钱只不过是我们用来购买自己所需的一种手段，如果你挣了却不花，那钱也就失去了它存在的意义。

阿里巴巴集团的CEO马云就不赞成他的员工把钱都存到银行。

马云在他对全体员工加薪的内部邮件中强调道："去花钱！！去消费！！！"一连用了5个惊叹号，着实让业界吃了一惊。

马云其实是想通过自己的号召，让年轻人记住，不要按照你的收入来过日子，这样能使你自信！想象如果你现在穿着你喜欢的衣服，喜欢的鞋，挎着自己喜欢的包，是什么感觉？那种自信是不言而喻的。而自信带来的价值就是你的能力成倍地增加。自信，可以让一个人更乐于与人交往，更乐于表现自己，进而有更好的心态，有更好的外在积极的环境，进而就会有更多人的朋友愿意与你交往，自然机会也就会更多，这是把钱都存入银行无法带给你的。

仔细想一想，确实是如此，很多东西，不是因为买不起，是因为我们不舍得。这和我们从小接受的教育有很大的关系，我们从小就被灌输了"节俭"的概念，总想着等挣了更多的钱再来买。但是面对现在经济社会的发展迅速，人们的意识也应该改变了，想到的不应该是去怎样攒钱，而是怎样挣更多的钱让自己去花。改掉以前舍不得花钱的习惯，以"如何做才能赚到钱实现你的欲望"的思维来思考问题。只要不浪费，所有花的钱都是合理的。

为什么富人那么能花钱，却越花越有钱？而穷人不管怎么努力攒钱，还是越攒越少？这就是观念上的区别，富人想的是如何才能赚到钱，而不是想：有钱了之后才怎么样。就这一个差距，使得富人的赚钱的点子、路子、方法越来越多，而这些都是伴随着自己的欲望、自己的野心而成长着，迅速调整自己的工作，调整自己的事业，进而来把自己喜欢的东西买到，进而过上令自己满意的生活。

曾任香港特别行政区财政司司长的梁锦松就说过：你花掉的钱才真正是你的钱。你花不到的，都不过是别人的钱。

在目前的社会经济环境中，学会花钱已经成为一种潮流。"学会花钱"不是奢靡无度，花天酒地；也不是视金钱为唯一的生活动力，唯利是图；更不能把钱单纯看成消费的工具，而忽视了它是血汗的结晶，否定了它暗含的情感价值。我们应提倡一种时尚的消费方式，一种向上的生活追求，这才是智慧的体现。

从另一个的角度来讲，如果把钱你存在银行，那就让银行将你的钱拿去贷给其他人，这时候，别人就会用你的钱去寻找便利与快乐，你就暂时放弃了你的权利。相反，每当你花掉一分钱，你也会体会到一分钱给你带来的便利与快乐，同时，也为国家GDP的增长起到了一分钱的作用。是花钱给自己快乐，还是存钱让别人快乐，现在你应该有答案了吧！

**井取之道**

只会挣钱，而不会花钱，就会成为挣钱的机器；只会花钱而不会挣钱的人，就成为了废物，只有两者相结合，才能顺应时代的发展。

## 金子不能种在地下

大家都明白，埋在土里的钱是不可能生出钱来的。同样的道理，把钱存起来也不可能生出钱来。努力工作和储蓄只适合一般大众，却不是高财商者致富的原则。高财商的人懂得，寄希望于努力工作和储蓄的人没有真正致富的机会。工作带来的、或因付出某种劳动而获得的收入称为"工资收入",它最普通的形式是工资,这也是纳税最高的收入。因此,要靠工资收入来积累财富是十分困难的。你的工作收入和储蓄都将被征税。当你往银行里存1000元时,政府首先已从收入过程中征过税了。也就是说要往银行里存1000元,你至少要挣1000多元才行。如果不幸遇到通货膨胀,你的1000元就会贬值,经过2年,也许只有800~900元的购买力了。

你想一想自己的钱放在什么地方了?家里的抽屉里?保险箱里?银行里?放在这些地方,和埋在土里是没有任何区别的。在中国的"穷人"当中,自己在银行的存款数占到了自己财富的80%以上。而对于富人呢?他们银行里的存款占到自己的财富1%都不到,而这些钱也就是为了自己近一段时间铺张花费的开销,其他的钱,绝对不会放在银行里,不但不会,反而会想方设法从银行里贷款出去周转。

著名的犹太金融家摩根说:"金钱对我来说并不重要,而赚钱的过程,即不断地接受挑战才是乐趣,不是要钱,而是赚钱,看着钱滚钱才是有意义的。"同样的,比尔·盖茨也认为,赚钱的过程比钱本身更让人激动,赚多少并在不重要,重要的是过程。

摩根和比尔·盖茨的话体现出了富人和普通人的区别,我们往往重视的是钱的本身,总是抱怨自己没钱的同时,却没曾想过,自己对待金钱的态度上就是错误的,又怎么能让自己挣更多的钱呢?就如同水在流动中才是有用的水,财富也必须在流动中才是真正的财富。而静止的财富不但随时会消失，而且并不会给我们带来任何的好处。只有让钱动起来才能获得更多的财富，这样的概念，股神巴菲特从小就具备了。

从巴菲特6岁起，他开始梦想赚钱，并且把自己的收入积攒起来。当他看到1美元时，他知道通过福利最终会成为10美元。12岁时，用自己所存的钱114美元，与姐姐多丽丝合伙各买了3股股票，后来以每股40美元卖出，小赚了一笔。14岁，他通过送报赚到的钱已经够上缴税了，他扣除了手表和自行车这些营业费用，只剩下了不过只有7美元。15岁的时候，他把赚取的1200美元投资到一块40英亩的农场上。将打工积累的一点资金用来开了家小店，小店的生意不错，他又开了一家小公司。他精心呵护着自己的经历，呵护着自己的小公司，3年后，小公司变成了大公司。

他说："人生就像滚雪球。重要的是要找到湿的雪，和够长的山坡。也就是说当你确定投资目标时，要找到够好的投资机会并把握原则，财富就能像滚雪球一样越滚越大。"巴菲特也是以此创造出百亿美元身价。

由此可见，如果金钱躺着睡大觉，是不会给我们带来任何增值的。社会经济的飞速发展，把钱存起来已经不是一种保值的方式了，想靠存钱发财是不可能的，只有把钱拿出来去投资，才能挣更多的钱。

> **井取之道**
>
> 财富一旦静止，那就是在等死。这不但是在寻死，而且在寻死的过程中，并不会给我们带来任何的好处。

## 最好的理财是给自己投资

生活中，每个人都离不开理财，俗话说：吃不穷，穿不穷，不会算计就会穷。当人有了钱时，会想到要投资，可是投资什么好呢？这是大多数人在考虑的一个问题。有的人选择了买基金、买股票，有的人选择了买保险，还有的人选择了炒房、囤粮等等以一系列可以让金钱再生金钱的方法。

其实，我认为最好的理财方式就是——给自己投资，投资自己的外在和内在。比如，一个懂得投资自己的人，当他挣来钱时，他会给自己买车、买名牌，这是一种形象投资，在形象上给自己提升一个档次；还有就是给自己内在提升，内在就是指自己的知识、见识、专业等等一系列可以让人更有底气的东西。

相比较而言，内在比外在更为重要一些，内在是一块华丽的锦缎，而外在是锦缎上的花，你首先要有了这块华丽的锦缎，才能往上面添花。

约翰·坦普登17岁时的梦想是要成为一家大公司的首脑。在耶鲁大学中,当别的学生还在研究如何经营一家企业的时候,他的兴趣就已经转移到了研究评断公司的财务之上。大学二年级的时候,因为家庭的经济拮据,他面临辍学。在学业和生计中,为了梦想,他选择了继续学业。

这样的选择意味着他不但要付出努力学习,还要拼命挣钱交自己的学费和维持自己的生活。这样的窘状并没有让他退缩,反而让他更加顽强地去追求自己的生活。

三年后,除获得经济学学士的学位外,他同时还获得了著名的路德奖学金,并取得了全国优等生俱乐部耶鲁分会会长的头衔,以极其优异的成绩毕业。

此后的两年,他前往英国牛津大学攻读硕士。回到美国后,他的起步是一家颇具规模的证券公司,他在公司里的职务是投资咨询部办事员。不久,他得知有一家公司正在招聘年轻上进的财务经理,他便前往应征。四年之后,他学到了能够在这家公司学到的一切知识,他决定再次回到自己喜欢的证券行业。

他从一个资深职员的手中,以5美元的价格买下了8个客户的经营权,然后经过两年的苦心经营,在第三年来的时候,他的梦想终于实现在现实生活中。

如今,约翰已是一家投资咨询公司的总裁,拥有将近一亿美元的资产,并兼任一家大型互助银行的常务董事及数家公司的董事。

约翰正是在不断的自我"投资"中，实现了自己的梦想。如果你正年轻，年轻就意味着追逐，追逐自己的梦想，即使在遇到挫败时，想到自己对未来的美好憧憬与梦想，就会依然充满动力地向前进。

也许你会说，现在能力比学历重要，确实如此，可是你的能力从何而来呢？还不是你通过学习得来的吗？这就是为什么爱因斯坦在上学的时候还被老师说是"白痴"，可是他却成了发明家。原因就是他虽然脱离了学校，可是他并没有放弃充实自己的知识。这就说明了，自我提升很重要。新东方的创始人俞洪敏，用他自己的经历向我们说明了这一点。

在俞洪敏的少年时期，没有人看得出他身上具备任何成功的潜质，甚至连他考上大学，都被人认为是走了"狗屎运"。

然而随着他对自己不断提出高要求，他让新东方从无到有，从国内市场走向了国际。在创办新东方之前，俞洪敏是个打工仔，当他发现大量培训学校对学生的态度、管理和理念上有缺陷后，他就想：如果换作是我，我该怎么管。

观察了一段时间后，他就准备亲自去尝试了。然后，作为一个教书匠，创办一个学校所要面临的问题，是他以自己现有的能力不能解决的。于是他就在摸索中，不断地提升自己的能力。从跟政府各界领导打交道开始，不管是公安局，还是卫生部，他都琢磨出一套与他们相处的门道，此时，他就由一个教书匠向一个民营小老板转变了。

他的付出得到了回报，当新东方的学生已经有两万人的时候，他意识到自己的队伍是扩大的时候了。于是他专程去了趟美国，请回了王强、徐小平等人。这时，他面临的问题不再只是教书、交际，还有更重要的一点就是管理。为了管理好这支队伍，他阅读了大量的管理书籍，完成了在思想上和领导能力等方面的转型。

新东方从一个一开始只有13个学员的学校，摇身一变为国内最大的英语培训机构。而这些都要归功于俞洪敏不断地充实自己，让自己完成了从教师到校长，再到管理者，最后成为上市公司老总的逐步转变。

今天，新东方的发展在经过了一番市场洗礼后，又重新找到了自己新的赛道。

这样的例子并不在少数，除了俞洪敏之外，细数那些成功的企业家，无一不是依靠不断地提升自我的价值，来获取更多的财富的。如果你想获得更多的财富，那就首先把自己想象成一块缺水的海绵，不断地吸取水分，让自己充实起来吧。

**井取之道**

人生应该如蜡烛一样，从顶燃到底，一直都是光明的。只有不断地自我提升才能让你不停地燃烧，从而发出光芒，否则你面临的就是自我毁灭。

## 聪明才智是财富的"保险箱"

一个人的伯父送给他一块劳力士手表,他认为这块手表很昂贵,时时担心弄丢,所以经常为此失眠。后来,他的朋友告诉他,这块手表是仿造货,他一下子轻松过来。

我们常常就和这个年轻人一样,被财富所困扰,怎样才能让守住我们的财富?我想这是每一个人都会想到的问题,没有愿意看着自己辛辛苦苦挣来的钱付之东流。于是,有人买了锁子,把钱锁在柜子里,有人把钱放进银行里,有人甚至在自己的家里装上保险箱、防盗网……其实,真正能够让你财富保值的东西只有一样,那就是你的聪明才智,聪明才智是自己的,别人偷不走,也抢不去。只要你还拥有聪明才智,即便是千斤散去,也有还复来的时候。

人们都说犹太人是天生的商人,在犹太人中,流传着这样一个故事:

一个十分聪明而且善良的小孩儿被天使选中,天使问他:"孩子,你知道你为什么被天使选中吗?"

"不知道。"

"因为你是一个聪明而又善良的小孩儿。"天使回答道。

"聪明和善良的人就可以做天使吗？"小孩儿天真地问道。

"是的，因为在他们的字典里没有财富和金钱的字眼，只有智慧。"

"智慧和金钱，哪一样更重要？"孩子又问道。

"当然是智慧更重要。智慧创造金钱，而金钱却不能创造智慧；智慧是主动的，而金钱是被动的。"

除此之外，犹太人同时还认同《塔木德》中这样的教诲："仅仅知道不停地干活显然是不够的。"他们在孩子小的时候就会教育：要用智慧赚钱，当别人说1加1等于2的时候，你应该想到大于3。麦考尔公司的董事长，就是在这样的思想下成就自己的事业的。

当他还是一个小男孩儿的时候，他父亲问他一磅铜的价格是多少？他答："35美分。"父亲说："对，整个得克萨斯州都知道每磅铜的价格是35美分，但作为犹太人的儿子，应该说成是3.5美元，你试着把1磅铜做成门把看看。"20年后，父亲死了，他独自经营铜器店。他做过铜鼓，做过瑞士钟表上的簧片，做过奥运会的奖牌，他曾把一磅铜卖到3500美元。

所以说，智慧比金钱更重要。我们许多人用体力赚钱，不少人用技术赚钱，很少人用知识赚钱，极少人是用智慧赚钱的。在经济社会，人们常常只看重自己能挣多少钱，所以智慧的人太少太少，有智慧又能抓住商机的人更是少之又少。多赚钱，并不仅仅依靠勤奋，并不完全依靠天赋，还要依靠勤于动脑。只要你勤于动脑，相信灵光、见识、慧眼会助你更上一层楼，让你产生意想不到的巨大的收益与回报。只要我们开动脑筋，发挥智慧，就可以把握机会，成为财富的主人。

凯斯顿是美国纽约20世纪福克斯公司的电影制片人，制作了20年的影片，他认为这是他唯一能干的工作。可是突然有一天，他丢掉了饭碗，他沮丧极了，不知道该怎么办。因为他不知道自己除此之外还能干什么。

有一天，他正心灰意冷地在大街上走，迎面碰上了过去的一位同事。这位同事的一番话及时调整了凯斯顿的心态，使他走出了人生的低谷，开始迈向了成功的人生。

凯斯顿后来回忆他们当时的对话：

"他对我说：'你担心什么——你的本事多得很。'我记得自己非常沮丧地说：'真的？我有什么本事？'他告诉我：'你是一个了不起的推销员。多年来你不是一直把许多电影构想推销给总公司的人吗？天晓得，多年来你能推销给这些老奸巨猾的人，你就能把任何东西推销给任何人。'

"接着他说：'此外，你还是一个写宣传企划的高手。你一直为自己的影片写出最好的宣传企划，所以你干这一行一定没问题。'然后他不经意地又说了一句话：'不用说你最擅长的是把一大堆人凑在一起工作——这本来就是制片人的职责。所以你也许可以开一家自己的演员经纪公司，大赚一笔，依我看来，你能选择的出路多得很。'

"他在我的肩膀上拍一把，我们就告别了，但是我在那个街角又待了许久。短短几句话改变了我的人生。"

凯斯顿听了朋友的话，及时调整了自己的人生方向，开始了新的人生，现在他拥有了自己的公司，独立承接宣传企划。凯斯顿成功了。

凯斯顿的经历说明，有时成功只在于你的思路，你的思想有多少种，你的出路就有多少种。换一种想法，换一种思路，事情往往就能峰回路转。

钢铁大王卡耐基曾声称："你可以把我所有的厂房、资金、设备和市场统统拿去。只要保留我的骨干人员。过四年我又是一个钢铁大王。"骨干人员是什么？骨干人员就象征着聪明才智。卡耐基之所以能成为"钢铁大王"，靠的并不是硬件，而是人才的智慧。可见，聪明才智看似虚无缥缈的东西，却比真正的财富更有用。真正的能人是智者，在经济生活中智慧才是财富的源泉。

**生取之道**

智慧，可以守住你的财富，还可以让你缔造财富。用智慧创造财富，成为亿万富豪，超越世界首富，一切皆有可能！

## 赚钱，要适可而止

世界上的财富无以计数，如果你想把钱全部都挣入自己的口袋，就算给上你几辈子的时间，你也挣不完。太过于贪心的人，总是想挣更多的钱，其实，当你的钱达到饱和的程度时，再多的钱对于你来说，就是一种负担了，所以，赚钱要有够，否则，你的结果很可能是一无所获。有这样一个故事：

有一个老汉，他的妻子很早就死了，他独自一人抚养儿子长大。儿子长大后很仍然不愿意自食其力，老汉只好依靠上山采药为生。一天他走累了山路，在一条小溪旁休息。当他捧起溪水准备解渴时，发现溪水中的岩石上有着一个鸡蛋大小的浅坑，而那个浅坑中填满了金灿灿的金砂。

老汉高兴不已，小心翼翼地捧走了金砂。过了一段时间，老汉再次从这里经过，发现钱坑里又填满了金砂。这次老汉心中是一阵狂喜，因为以后他再也不用靠辛苦采药来过活了。从此，每隔十天半个月的，老汉就上山来取一次金砂。没过多久，日子就富裕起来了。

老汉的儿子发现了端倪，便问父亲怎么回事。虽然他不孝顺，但毕竟是自己的儿子，老汉就悄悄地告诉了儿子，儿子听后埋怨父亲为什么不早点告诉他，错过这样一条致富之路。儿子推断金砂是山泉从山上流下来的时候带下来的，要是能够扩大山泉，不就能冲下来更多的金子吗？

老汉劝儿子不能太贪心，但是儿子没有听他的。第二天这个儿子就扛着锄头上山了，把溪水两边的石头凿开，山泉比之前扩大了好几倍。然后就坐在溪边等着更多的金子被冲下来，结果没想到金砂不但没有增多，反而全部不见了，一连几天都是如此。

直到这个儿子变成了和老汉一样的岁数。他也没有想明白金砂到底去了哪里？

自作聪明的儿子以为扩大山泉能够得到更多的金子，却没想到，山泉把金子都冲走了。赚钱就像我们吃饭一样，再好吃的饭，如果不停地吃，后果就是撑坏我们的胃。

《郁离子》中有这样一段记载：

一次随阳公子和郁离子谈论富贵说："住在9层的楼堂，有10亩大的庭院，位于中央就能够俯视市容。高门大户，亭台楼阁，雕梁画栋，窗格秀美。左右高楼密集，光彩闪动，一派繁盛之景。车马直通到殿堂，有鸣驺引导登上台阶，高高坐在华丽的垫子上，犹如神一般的尊贵无比。士卒列队，官吏成行，一个个都对你恭恭敬敬，连走步都有节奏顺序。你只要有一声咳嗽，都如同神在发号施令。审理案件，决断诉讼，一言九鼎。说一句话就能把侍者惊退，手指目及就能使被看的人畏缩不前，站立不安。千人并立，踮脚仰望你的神色。你喜悦时，大家都感到犹如春天温暖的阳光；你发怒的时候，凛然如秋天的冰霜。可以说你掌握着对别人的生杀大权；这是怎样的尊贵，我想和先生一起去谋求这样的富贵。"

郁离子听罢，微微一笑说："我知道孔子曾经讲过这样的话，富贵是人们所向往和追求的，但是如果不是用道义去追求富贵，就不能处在这种富贵中，这种富贵又有什么意义？我不愿意那样去做。"

金钱所散发出的诱惑，常常与手头拥有的数目直接成正比，你拥有的越多，你想得到的也就越多。不要成为金钱的奴隶，赚到了钱见好就收，其余的钱可以再赚，这样赚钱也会比较轻松，财富也会水涨船高。

### 井取之道

美好的生活必不可少的是财富的数目，财富数目是没有限制的，但是富有和财富没有限制，一旦你进入物质财富领域，仍然很容易迷失你的方向。

# 金钱并非你唯一的财富

有人说：健康好比数字1，事业、家庭、地位、钱财是1后面的0，有了1，后面的0越多越富有，反之，没有了1，则一切皆无。可有时候，人们往往都会忽略到前面那个1，然后拼命地去追求1后面的N个0，到头来，才发现自己没有前面的1做支撑，后面的0再多也没有任何意义了。

当你认为自己一无所有的时候，其实你还拥有许多，比如健全的四肢、年轻的生命等等。

有位老人在经过河边的时候，看见一个年轻人坐在岸边闷闷不乐的样子。老人便走过去问："年轻人，你有什么烦恼吗？"

"因为我太穷了，没有钱买车买房，所以也没有女孩儿愿意嫁给我。"年轻人懊恼地说。

老人听了，说："怎么会呢？在我眼里，你很富有啊。"

年轻人不解地问道："富有？我怎么不知道呢？"

"那我给你1万元，你把你的胳膊卖给我吧。"老人没有直接回答年轻人的问题，而是发问道。

"不行。"年轻人回答道。

"那我出10万元，你愿意把腿卖给我吗？"老人继续问道。

"不愿意。"年轻人肯定地回答道。

"那要是给你100万,让你变成70岁的老人呢?""不愿意!"

"那给你1000万,让你身患癌症呢?""当然不愿意了。"

"难道你还不富有吗?你已经拥有了超过1000万的财富了。为什么还要说自己穷呢?"说完,老人露出了他的胳膊和腿,年轻人一看,原来老人装着假肢。然后老人又指指自己的胃说道:"这里已经长满了癌细胞。我纵使拥有千万的财产,可是在我眼中,你比我富有啊!"

只有失去了健康的人才会知道健康有多么的重要,就像文中的老人一样,只是这时已经晚了。有了健康的身体,我们就有力量去挣更多的钱;如果没有一个健康的身体,那么挣再多的钱,我们又拿什么去享受呢?所以不要把金钱看作是人生唯一的财富,健康远远比金钱重要得多,毛主席曾说过:"身体是革命的本钱。"是啊,只有一个健康的身体,才是财富的根本,是根基。可是有的人,却常常舍掉自己的健康去追求更多的金钱。

尤其是在生意场上,为了取得一笔生意,有人常常把自己的健康置之度外,等到后悔的时候才发现为时已晚。

前几天去医院遇到这样一个病人,这个病人是肝癌晚期。据说是一位拥有千万元财产的小老板,住院期间,每天都有亲朋好友纷纷前往看他,他说得最多的一句话是:"我太忽视健康了,现在后悔也没用了。"听说他原来身体很棒,自从进入商海打拼,身体就一天不如一天。他从几万元起家，一路打拼，使自己的财富积累到几十、几百万元，直至现在的几千万元。而这些，都是以他的健康为代价的。一次为了与他人签订合同，在酒席桌上，对方激他喝酒，桌上摆了3大杯高浓度的白酒。对方经理说："签合同可以，你得表现出你的诚意，喝了这三杯酒，咱们就签合同。"为了生意，他眉头都没有皱一下，端起酒杯，一口气喝下足有7、8两的白酒，这类事情，发生过不止一次两次。

在对他的病情深表同情以外，我更多地认为，他不懂得什么才是真正的财富。其实，在人们眼中的财富并不是真正的财富。我们所追求的金钱、房子、车子、地位等等一切可以显示我们财富的东西，不过是在我们手中"暂时地保管"。为什么这样说呢？因为这些东西生带不来，死又带不走。你来到这个世界上的时候，他不会因为你的到来而高兴，你离开这个世界的时候，他不会因为你的离去而伤心。

聪明的人，会把金钱看作是身外之物，不会因得到了它而欣喜，也不会因为失去了它而苦恼，因为它并不是人生唯一的财富。我们确实生活在一个激烈竞争的时代，这个时代给奋斗者提供了广阔的天地。于是有些人在"用青春赌明天""用健康赌明天"，而赌赢了之后要是没有了健康，那才是彻底输了呢！因为老本已经输光了，还有赢的可能吗？

> **井取之道**
> 
> 当天秤的两端分别放着金钱与健康时,请你先把砝码加在健康这一边,然后再为了寻求平衡去追加金钱的砝码,千万不能颠倒过来,否则就会失衡。

## 君子爱财,取之有道

在这个世界上除非圣人,任何人都不会达到视金钱如粪土的至高境界,因为金钱可以带给我们生活的幸福和享受的资本,在人类开始享受物质生活的时候,恐怕金钱已经成为炙手可热的抢手货了,所以每个人都在为挣钱而努力着,挣钱的方法有很多,但是怎么挣却是一种智慧。

中国人挣钱,讲究一个"道"字,自古流传下来的做事原则就是从仁义出发,追求正当利润,绝不发不义之财。所谓君子爱财,取之有道,这是儒家思想对如何做人所持的基本态度,经过千百年的流传,早已成为中国人做事所遵循的美德,并上升为做人做事的一个原则。

聪明的人都知道"德是根本,财是末端"的道理,因此不管贫富都能悠悠度日,在任何境况下都能以一颗平常心对待,有如此道德境界的人,说不定什么时候他就能干出一番大事业。有"五金大王"之称的叶澄衷做生意很有天赋，头脑清醒，乐观时变，为人处世既诚且信，宽厚待人，被称为"首善之人"。

　　年轻时候的叶澄衷十分贫穷，他只能靠在黄浦江上摇木船拉人渡江或是卖食品和日用杂货为生。一天中午，一位英国人雇叶澄衷的小船从小东门摆渡到浦东杨家渡。也许是有急事，船刚靠岸那个英国人便匆忙离去，连自己的公文包都忘记了拿。叶澄衷发现后，打开一看，包内不仅有数千元美金，还有钻石戒指、手表、支票本等许多值钱的物品。叶澄衷从来都没有见过这么多的钱和这么多值钱的东西！对于生活窘迫的他来说，这笔钱可以让他无忧无虑地过一阵子了。然而，他没有像见钱眼开的小人那样感到惊喜，他首先想到丢了包的洋人该不知会怎样着急。于是，他没有再拉别的顾客，也没有回家，就在原处等候那位英国人。

　　眼看着天就黑了，叶澄衷饿得饥肠辘辘，那位英国人才终于满脸沮丧地来到这里。看样子他已经寻找了大半天，对公文包失而复得不抱希望了。但他万万没有想到的是，自己的包竟然会在舢板上，更没有想到这个中国船工还一直在等着自己。

　　当英国人打开自己的包，见原物丝毫未动，不禁大为感动，为了表达自己的感谢之情，英国人立即抽出一把美钞塞到叶澄衷的手中。谁知叶澄衷坚决不肯定要，开船就要离去。这位英国人见状，又立即跳上小船，让叶澄衷送他到外滩。船靠岸后，英国人把叶澄衷拉到了自己的公司。原来，这位英国人是一家五金公司的老板，见叶澄衷为人厚道，心中十分佩服，便想与叶澄衷合伙做生意。这一回，叶澄衷愉快地答应了。

叶澄衷利用这次机会成就了自己的事业。在日后的经营中,他一如既往地秉承"君子爱财,取之有道"的德性,赢得了消费者的信赖,成为远近闻名的"五金大王"。

当然"君子爱财,取之有道"不仅仅局限于拾金不昧。它也包括所有人的钱都必须来得正,必须是正当利润。然而有的人则不同,他们反其道而行之,无德无道无良知,只要能弄到钱,就不怕做小人。有的当权者以权谋私,中饱私囊;有的经商者以次充好、以假乱真……凡此种种,无一不是丧失良知的表现,自然,也肯定会受到道德的谴责和法律的制裁。

爱财并无过,金钱是我们办事情的基础需要,这个道理人人都懂。但是在我们取得财富之前,我们一定要想一想,自己做的这件事有没有偏离道德范畴。如果有,哪怕一点点都不要去做。赚钱时心里干净,花钱时心里才能清净。要知道,人在意诚时心才会正,才会让自己的一切获利手法符合道德规范的约束,使自己养成遵守道德规范的习惯,并懂得自己行为中涉及的种种道德问题。

### 取之道

挣钱的道路很多,但也只分为"正道"和"邪道",你选择了正道,努力拼搏,总有一天会你的财富会积累得愈来愈多;选择邪道走下去,就是一步步迈向黑暗的沼泽地。

# 第四章
## CHAPTER 04

# 突破思维陷阱，你就会提升工作的能力

尊重我的工作、我的同事和我自己。待之以真诚和公正，因为我也希望他们会这样对待我。在你的事业中，做一个一言九鼎的人；做一个支持者而不是一个吹毛求疵者；做一个推动者而不是一个抱怨者；做一个马达而不是一个障碍。

跨越式成长：转换思维成就精彩人生

## 工作不仅仅是保住饭碗

在动物的世界里，弱肉强食，是他们生存的规则，为了填饱肚子而捕杀猎物就是他们的工作。

猎豹，是世界上跑得最快的动物，一只成年的猎豹能够在几秒内达到每小时100公里。每当太阳从地平线上升起，草原上的猎豹就开始寻觅它们的食物，从斑马到羚羊，在攻击这些动物的过程中，猎豹也在不断地提高着自己奔跑的速度。

刚开始的时候，猎豹也许只能捉只野兔，后来随着它要猎捕的对象奔跑速度不断地提高，猎豹为了得到这些食物，只能不断的提高着自己的速度。只有这样他才不会被饿死。

动物的世界里竞争都如此残酷，人类的世界就更不能小觑了。社会是发展的，每个企业是发展的。在如今这种日趋激烈的竞争环境下，每个企业需要的都是像猎豹一样的员工，而不是一个只会干活的机器，他更需要的是自己员工的素质和能力不断地提升，这样才能更好地促进企业本身的发展。所以，想要在职场中生存，并最终实现自己的事业目标，就应该向猎豹学习，挑战高难度的问题，主动挖掘自己的潜能，这样才能逐渐提高自己的能力，实现自己的目标，从而在职场立于不败之地。

前段时间朋友约我出去喝茶，到了茶馆，他已经坐在那里了，一副忧心忡忡的样子。一问，原来是他失业了。确实很可惜，那么好的企业，那么好的待遇，失去了确实够让人苦恼。

我问他到底犯多大的错误，公司才不要他的。他听了一副很委屈的样子，"我这么老实的人，能犯什么错误啊？我循规蹈矩地过每一天，按时完成任务，上头开会，我有意见都不敢乱发言，就怕丢了这份工作。哎……结果还是丢了。""是不是因为你的专业水平不够啊？"我不甘心地问着。"不会的，当年他们招聘的是专科学历，我是本科生，我没觉得屈就不错了。"没有犯错，专业也达标，那究竟是什么原因让他就这样被辞掉了？

最后他百思不得其解的样子告诉我说，是因为老板觉得他对工作没有积极性，完全就是在应付差事，所以才辞退了他。

大概我的朋友一直没有意识到自己身上所存在的问题，所以才会懊恼自己被辞退。在职场中，不乏有像我朋友这样的人，他们认为：想要保住工作，就要熟悉一切，就得用自己所习惯的方法去处理工作上的问题，不可以轻易尝试新的方法，更不要去接受那些自己从来没有做过的事情，否则就有可能被撞得头破血流。他们像一只蜗牛一样，缩在自己的壳里，循规蹈矩地做每一件事，底线就是能够保住眼前的这份工作。难道，我们工作仅仅是为了保住饭碗吗？

面对工作我们要更多地把它看成是一种乐趣。只有通过工作，你才可以实现自己的人生价值。只有通过工作来学习，通过工作来获取经验、知识和信心，这样你才能不断地成长。当你走在成功的大道上时，你才能体会到生命的充实。

微软的招聘官员曾对记者说："从人力资源的角度讲，我们愿意招的'微软人'，他首先应是一个非常有激情的人：对公司有激情、对技术有激情、对工作有激情。可能在一个具体的工作岗位上，你也会觉得奇怪，怎么会招这么一个人，他在这个行业涉猎不深，年纪也不大，但是他有激情，和他谈完之后，你会受到感染，愿意给他一个机会。"

查理·琼斯说："如果你对于自己的处境都无法感到高兴的话，那么可以肯定，就算换个环境你也照样不会快乐。"换句话说，如果你现在对于自己所拥有的事物，自己所从事的工作，或是自己的定位都无法感到高兴的话，那么就算获得你想要的工作，你仍然会不快乐。所以要想变得积极起来完全取决于你自己。

马克是一个汽车清洗公司的经理，这家店是15家连锁店中的一个，生意相当兴隆，而且员工都热情高涨，对他们自己的工作表示骄傲，都感觉工作是愉快的。

然而马克来此之前不是这样的，那时，员工们已经厌倦了这里的工作，他们中有的已打算辞职，可是马克却用自己昂扬的精神状态感染了他们，让他们重新快乐地工作。

马克每天第一个到公司，微笑着向陆续到来的员工打招呼，把自己的工作一一排列在日程表上，他创立了与顾客联谊的员工讨论会，以此提升公司的整体工作效率。

他的工作方式产生的效果十分明显。在他的影响下，整个公司变得积极上进，业绩稳步上升，他的精神改变了周围的一切，老板因此决定把他的工作方式向其他连锁店推广。

良好的精神状态正是老板期望看到的。所以就算工作不尽如人意，也不要愁眉不展、无所事事，要学会调控自己的情绪，让一切变得积极起来。

当你仅仅把工作当作是"吃饭的碗"时，它能发挥的功效就是一只碗的功效，那样工作就是乏味的，时间久了还会成为你的负担。当你把工作看作是生活的调剂品时，它就能成为你人生中的最大礼物，成为你通往成功的起点。

**井取之道**

人们常说的一句话"不怕被利用，就怕你没用"。好的职业心态是营养品，会滋养我们的人生，积累小自信，成就大雄心，积累小成绩，成就大事业。

跨越式成长：转换思维成就精彩人生

## 你的第一印象价值百万

在与人的交往中，第一印象是很重要的，你的第一次亮相，第一次完成任务，这都直接决定你的老板以及公司如何评价你。如果你能在最短的时间内脱颖而出，你就比其他人赢得了先机，并且这个领先优势以后可能会越拉越大。

能否获得一个好印象，第一印象往往可以占到80%。举个很简单的例子，假如你是一个很爱干净的人，当你看到一个邋遢的人时，在第一眼你就已经把他否决了，你根本不会愿意再花时间和精力与他交流，去发掘他身上的闪光点。

现代生活的节奏很快，人和人的接触短暂，往往我们只有一个机会告诉对方我们是谁，在职场中，语言和文字常常是不够用的，我们只能从形象上打造自己。林肯曾因为仪表问题拒绝了朋友推荐的内阁成员。

当林肯看到朋友推荐的内阁成员时，不禁皱起了眉头，认为这个人太不修边幅了，于是委婉地拒绝了。

这个朋友愤怒地责怪林肯以貌取人，拒绝了一个才华横溢的人，与此同时，他指出任何人都无法为自己天生的脸孔负责。林肯听完朋友的话，淡然地说："人无法为自己的脸孔负责，但可以为自己的面貌负责，这点对于一个过了40岁的人来说，就更为重要了。"

你可能很优秀，具备脱颖而出的一切潜质，但是你需要找到一个载体让老板一眼就能发现你的潜质。林肯的一席话让我们知道了形象的重要性，而第一印象更是尤为重要。林肯所说的面貌就是指我们的形象。懂得经营自我形象、自我风格，给人良好第一印象的人，并非做作，而是懂得尊重他人，也尊重自己在社会中所扮演的角色。这样的人，不仅讨人喜欢，也比较容易成功。

也许很多人仍然认为，形象仅仅是针对自己的容貌，其实不是的。说起形象，它所包含的内容太多了，它包括你的穿着、言行、举止、修养、生活方式、知识层次等等。它们在清楚地为你下着定义，无声地讲述着你的故事——你是谁、你的社会地位、你如何生活、你是否有发展前途……

首先，形象的好坏大多取决于我们的装束。一个人穿衣的风格，就像是商品上的标签。在没有进行具体的了解前，人们往往都是通过一个人的穿衣打扮来认识一个人。所以说，你自身形象的塑造和传播，衣着是很重要的媒介。

第一印象是主观而不讲理的，不修边幅虽然属于个人的私事，但是对于一个不了解你的陌生人来说，过分的随便只能给对方留下一个邋遢的第一印象。在公司中，你不妨参照你上司的品位打扮自己，当你的上司发现你和他的品位相同时，自然会和你有一种亲近感，从而拉近你们的距离。

衣着固为重要，但形象也不是一个简单的穿衣问题，而是一个综合全面素质、外在与内在结合的、一个在流动中的印象。

想在第一印象中就决定你的成败，同时也要十分注意你的一言一行。站立、步行、端坐，虽然都是单纯的动作，但是到了别人的眼中，就成了你素质、教养的外在表现。

有的人站得笔直，走得雄伟，又能坐得端正，这样的人给人的印象一定不一般。不管是从事什么职业，都会让人对他另眼相看。有的人总是一副萎靡的样子，坐没坐样，站没站样，这样的人就算是有不错的成就，别人也不能一眼就看出。

公司里，你的所作所为不仅仅是代表你自己，更代表着公司的形象。试想一下，如果你是老板，你愿意看见你的员工整个人懒散地半躺在椅子上办公吗？如果你是人事部主任，你愿意招聘一个走路都要跳着舞步的人来你的公司上班吗？此种看起来微不足道的动作，在职场里往往是你制胜的法宝。

此外，除了衣着和动作这两个比较重要的因素之外，不要忘记了给你打上一个"快乐"的标签。这个标签就是你的笑容。当你第一眼看到一个双手抱胸、面无表情的人站在你面前的时候，你一定认为他是一个不容易接触的人。同样的，换做是你，一定也不能给别人留下一个好印象。

所以要经常保持微笑。微笑能给人安心的感觉，心理学认为"微笑"是"接纳、亲切"的标志，也就是说当你微笑时，等于告诉对方"我喜欢你""我对你没有敌意"。只要你常微笑地看着对方，就能消除对方的警戒心，赢得对方的好感。

无论如何，第一印象的好坏绝对影响一个人在职场中的成败，绝大多数人的成败在于双方见面时的"第一印象"上。而一个人长期向社会所传递的"第一印象"，将会影响其一生的成败。

**井职之道**

当你外表邋遢时，别人注意的就是你的穿着打扮和行为举止；当你外表无懈可击时，别人注意的就是你这个人了。记住，你给别人留下的第一印象，是名片、是品牌、是机会。

## 像第一天那样去工作

在职场中有一些人，不管做什么事情，刚开始的时候都会感觉很新鲜，过一段时间，就会觉得索然无味。刚刚进入职场的时候，是胸怀大志，满腔激情，大有大展宏图之势。然而，令人感到遗憾的是，这样的激情维持不了多久，就会慢慢地消失掉，重则消极怠工，轻则得过且过。

如果你这样对待你的工作，一段时期后，当你再重新审视你的工作，审视你的周围时，你会发现，别人都在蒸蒸日上，而你却还在原地踏步。原因就在于：那些事业节节高的人，他能够始终像第一天那样去认真对待工作，把敬业的精神贯彻到底；而你却半途而废，敬业一天比一天少一点，直到消失不见。这里的关键词就是"坚持"，坚持这两个字，说起来简单，但是做起来却很难，尤其是在你得不到任何肯定的情况下。

罗纳德·里根，生于1911年，是美国第49届、第50届总统。被认为是美国历史上最伟大的总统之一。他年轻时的一段经历让他终生难忘，也教会了他如何面对挫折。

"最好的总会到来。"每当我失意时，我母亲就这样说："如果你坚持下去，总有一天你会交上好运。并且你会认识到，要是没有从前的失望，那是不会发生的。"

母亲是对的，1932年从大学毕业后我发现了这点。我当时决定试试在电台找份工作，然后再设法去做一名体育播音员。我搭便车去了芝加哥，敲开了每一家电台的门——但每次都碰一鼻子灰，在一个播音室里，一位很和气的女士告诉我，大电台是不会冒险雇用一名毫无经验的新手的。"再去试试，找家小电台，那里可能会有机会。"她说。我又搭便车回到了伊利诺伊州的迪克逊。虽然迪克逊没有电台，但我父亲说，蒙哥马利·沃德公司开了一家商店，需要一名当地的运动员去经营它的体育专柜。由于我在迪克逊中学打过橄榄球，于是我提出了申请。那工作听起来正适合我，但我没能如愿。

我失望的心情一定是一看便知。"最好的总会到来。"母亲提醒我说。父亲借车给我，于是我驾车行驶了70英里来到了特莱城。我试了试爱荷华州达文波特的WOC电台。节目部主任是位很不错的苏格兰人，名叫彼特·麦克阿瑟；他告诉我说他们已经雇佣了一名播音

第四章 突破思维陷阱，你就会提升工作的能力

员。当我离开他的办公室时，受挫的郁闷心情一下子发作了。我大声地问道："要是不能在电台工作，又怎么能当上一名体育播音员呢？"

说话的时候，我正在那里等电梯，我突然听到了麦克阿瑟的叫声："你刚才说体育什么来着？你懂橄榄球吗？"接着他让我站在一架麦克风前，叫我凭想象播一场比赛。

去年秋天，我所在的那个队在最后20秒时以一个65码的猛冲击败了对方。在那场比赛中，我打了15分钟。我便试着解说这场比赛。然后，彼特告诉我，我将选播星期六的一场比赛。

在回家的路上，就像自那以后的许多次一样，我想到了母亲的话："如果你坚持下去，总有一天你会交上好运。并且你会认识到，要是没有从前的失望，那是不会发生的。"

什么事情都是贵在坚持，本来再坚持一下，就会成功，就能摆脱死神。可是却因为自己的毅力不够，而选择了放弃。多么可惜！就像是我们身在职场中的人，在刚进入一家新的公司时，往往都是充满了梦想，思索着通过怎样的方式取得成功。有的希望通过自己的努力得到自己心仪的职位；有的希望和老板处好关系，成为老板的心腹；有的希望能够得到一个好的岗位来展示自己的才能……

在各种梦想的驱使下，在第一天上班的时候，每个人都是充满着激情和斗志的。在这样积极的心态下，工作起来自然是战战兢兢，绝不会出现半途而废的情况。这样的你，也自然会给上司留下一个很好的印象，在公司里能够取得初步的进步。然而职场如沙场，而且打的还是

持久战，暂时性的积极，暂时性的敬业都不能让你在通往成功的道路上顺利前进。无论是刚刚步入职场，还是你已经步入职场多年，都不要以"老资格"自居，对工作总是推三阻四，和同事之间斤斤计较。

王恺大学快毕业了，学校给联系好了实习单位，让他明天去报到。第一次参加工作，他不免有点打鼓。毕竟在实习期间要是表现好了，将来毕业以后就不用为找工作的事情发愁了。

第二天上班的时候，王恺穿着西服，打着领带，十足一个都市小白领的形象。但生活中王恺不是这样的，平时他属于不修边幅的类型，所以尽管长相不错，一直没有找到女朋友。这次为了工作，他毅然改变了自己的风格。显然，王恺的改变收到了不错的成效，不管是上司还是同事都对他的第一印象很好。接下来的日子，王恺积极做事，热心待人。上司很多次问到他毕业后愿不愿意到公司来发展。实习期很快就过去了，在离开公司的那一天，王恺收到了公司的聘书。

正式毕业后，王恺就到了这家公司上班。开始的时候他就像实习一样工作，他认为自己这样一定能得到上司的提拔，每次有人事调动时，他都是满怀希望，但事事往往不如人意，几次升职都没有王恺的份儿。慢慢地王恺就没有当初的干劲儿了，着装上也不再讲究，还有几次和同事发生了争执，对待工作也是马马虎虎。和之前相比，简直就是判若两人。上司对他越来越失望。

王恺给身在职场三分钟热度的人上了一课。职场并不像我们想象的那样简单、那样一帆风顺，成功不是信手拈来的，需要耐心和努力。困难和挫折总会在前方等着你，这时你更应该坚持下去，因为这些困难和挫折恰恰是考验你、锻炼你的最好机会。

像第一天那样去工作，就要克服工作过程中可能会带给你的挫折和失落；像第一天那样去工作，就要发挥自己坚强的意志力和勇于拼搏的精神；像第一天那样去工作，你会发现，原来每一天都是崭新的，都是充满斗志的。

> **进取之道**
>
> 每一天都是充满着机会和希望的，只要我们能够始终像第一天那样去工作，珍惜好工作中的每一天，就一定能够重燃激情，成功才会指日可待。

## 攀上最高峰，首先要站在山脚下

许多人都希望自己能在一开始就取得一个好职位，尤其是刚刚步入职场的新人，大部分都存在这样的心理：我有文凭，我有丰富的知识，我不应该从最底层做起……然而，没有哪一家公司会把一个重要的职位交给一个初出茅庐的新人，不管你之前多么优秀，进入职场，就相当于一切从头开始。

想要达到最高点，首先要学会弯腰。运动会上，当跳高运动员准备起跳时，都会先弓下身子，然后再高高地跃起，这样做的目的就是让自己跳得更高。在职场中也是如此，首先你要把自己的位置放低，你才能一步一步稳稳当当地走向高处。刚步入职场的新人，就算是拥有最多的知识，但缺乏经验。当他们走向社会时，那种高高在上的架子却怎么也融不进社会。这样的你会在心理上无法正确接纳你的工作，也无法顺利地进行下去。

在工作了一年后，张涛失业了。因为他实在无法忍受自己研究生的身份却每天在公司做一些打杂的事情。

一天，他到海边去散步，看见一个老人在海边钓鱼。于是他问道："老伯，你一天能钓多少鱼？"

老人回答："钓多少鱼并不重要，只要不空手回就是收获。"

张涛听了，若有所思地看着远处的海，感叹道："海是够伟大的了，滋养了那么多的生灵。"

老人听到张涛的话，说："那么你知道为什么海那么伟大吗？"

张涛不敢贸然回答。

老人接着说："海能装那么多水，关键是因为它位置最低。所以海才能够笑纳百川，包罗万象。年轻人，我看得出你脸上的不得志，不要把自己当个人物，你的问题就可以迎刃而解了。"

老人的一番话使张涛幡然醒悟，他重新到原来的公司应聘，就算是继续做打杂的事情，他也会坚持下去。

钓鱼的老人之所以能够从容不迫，知足常乐，就是因为他能够放低自己的位置。而许多年轻人因为年轻气盛，很多时候并不能正确摆正自己的位置，因此，经常为自己的一点成绩便沾沾自喜，为自己的一点优势便以为除己之外，再无他人。在职场中，不管你对生活的目标有多高，但你计划中总有个起点，这个起点就是一个零，有了这个零之后，你才能有一，然后才能达到一百，以至加到无穷大。意大利文艺复兴时期最为著名的画家之一桑德罗，他能取得后来的成就就是他能够把自己的位置放低的结果，然而之前的他并不是这样的。

桑德罗从3岁开始就表现出了对绘画的独特才华，他8岁时就在家乡——意大利的佛罗伦萨市办过画展，到了中学毕业的时候，他已经成了一位远近闻名的小画家。而桑德罗在此之前并没有向任何人学过画画，他的艺术细胞似乎与生俱来，为此，他享有着"绘画天才"的称号。小小年纪就有这样的成就，桑德罗自信心膨胀了。

毕业后，桑德罗在佛罗伦萨市经营起了一家画廊，他没有想到的是，他引以为傲的作品一连几个月都卖不出去。这时，父亲建议他去向别的画家学习一下，桑德罗听从了父亲的意见，去向一些名画家请教，但是他认为那些名画家技艺并不高超，没多久就放弃回家了。回来后，画廊的生意依然不见起色，最后经营不下去了，不得不关闭。

后来，一位法国的著名老画家旅居到了佛罗伦萨市。桑德罗听说后，找到那位老画家的住处，向老画家倾诉了自己的困惑和渴望，以及对之前那几位老师的不满，随后，他对老画家说："我可以跟您学画吗？"

"当然可以，不过我想你同样无法从我这儿学到什么！"法国老画家说。

"怎么会呢？难道以您这样高超的技艺还无法传授我知识吗？"桑德罗问。

老画家没有直接回答他，而是拎着洒水壶走到一个既没花也没草的角落，朝地上浇起了水。

"您在做什么？"桑德罗奇怪地问。

"我在为这个花园里最为高贵的一盆紫罗兰浇水！"法国画家回答。

"可是，这里并没有什么紫罗兰啊！"桑德罗惊诧极了。

"它在那里！"画家伸手朝阁楼的窗台上指了指。

桑德罗看去，那里果然有一盆非常高贵的紫罗兰。

"它在那么高的地方，如何能淋到水？"桑德罗觉得这位老画家实在是太有趣了。

"你就是那盆高高在上的紫罗兰，所以我认为你也无法从我这里学到什么。"画家看着桑德罗，认真地说，"想要淋到水，那盆紫罗兰就一定要在水壶喷头的下方，否则别人浇再多的水也是徒劳！"

要向他人学习，就必须要放低自己的姿态，也只有这样才能学到更多的知识！人固然有自己的位置，但位置是别人给的，自己把自己放低一点又有什么坏处呢？努力抬高自己的时候，已经与他人拉大了距离。自己觉得高高在上，威风八面，在同事的眼里可能更多的是不屑，甚至是蔑视和愤怒。茶壶只有低下头，才能倒出水来；茶杯只有放低自己的位置才能被倒满水。

无论你是天之骄子，还是尘土满面的打工仔；无论你是才高八斗，还是目不识丁；无论你是大智若愚，还是大愚若智，如果你不愿意放低自己的位置，就不会取得事业的成功。

> **进取之道**
>
> 把自己放在最低处吧！只有这样才会有无穷的动力和后劲。就像是爬山，有的人还在山脚，有的人正在山腰，还有的人已经爬上山顶。而你，只有站在山脚下，才能攀到最高峰。

## 学他人长处，补自己不足

职场处处皆学问，对于每一个身在职场的人来说，要时时刻刻把自己看作是一个初生的婴儿，用好学的心态去对待周围的人或物，你的内在就会越来越丰富。孔子曾说：三人行，必有我师焉。三个人当中就有一个人是值得孔子去学习的，而我们在职场中，接触的人群形形色色，在此交往过程中，值得我们去学习的人，就数不胜数了。

但是往往有一些人把自己能够独断独行当作是一桩可骄傲的事情，而把向他人学习当作是件可耻的事情，其实这是一个莫大的谬见。没有人是十全十美的，别人身上总有着你所不具备的长处，这时候，如果你不能取人之长，补己之短，那么损失的不是别人，而是你自己。

认为自己有一点长处就目中无人，这种做法尤为不可取。

一个人中了武状元回家，途中一条河挡住了他的去路。这时候他看到河边有一个船工，就出钱雇船工载他过河。船工听说他是当今武状元，钦佩之情油然升起。

船离开岸后，武状元看到了撑船用的竹篙，便问船工："你会吹射箭吗？""我哪会射箭，只会摆弄撑船的竹篙。"船工笑呵呵地说道。

"连箭都不会射，你的人生就失去了百分之十的意义。"武状元用一种戏谑的口气说道。

这时，武状元又看到了船上的缆绳，他又问道："你会骑马吗？""也不会。"船工干脆地回答道。

"骑马也不会，那你的生命就失去了百分之二十的意义。"武状元用轻蔑的语气说道。船工也听出了武状元是在故意挤兑他。

船到河中央时，忽然大雨滂沱而至，狂风呼啸而来，河水顿时卷起了千层浪，眼看船就要翻了。武状元吓得面如土色。只听船工问道："你会游泳吗？""不会。"武状元惊慌失措地回答道。"那你的生命就失去百分之百的意义了。"船工用一种爱莫能助，万般无奈的语气说道。

话音刚落，船就被大浪掀翻了。

越是自以为了不起的人，其实并没有多么了不起。自大的人只会孤芳自赏，只看得到自己的优点，对于别人只看得到缺点。这样你永远都不可能进步。也许你凭自己的能力在职场已经取得了一定的成就，但是，如果你不擅长向他人学习，那你的位置也就仅限于此了。

人就像浩瀚宇宙中的星辰一样，每个人都有闪光的一面。我们太关注于自己的光芒，而容易忽略别人的。职场中那些善于发现别人优点的人，往往是能虚心接受意见的人。不管是在古代，还是在现在，但凡那些有成就的人，都是善于向他人请教学习的人。善于发现别人的长处，然后学习别人的长处，把别人的优点吸收到自己身上，变为自己的优点，你就能够成为越来越优秀的人。

方杰毕业于上海师范大学历史系，毕业后又到澳洲留学。在同龄人中，他算得上是佼佼者了，但是他似乎并没有因此而满足。他知道自己一个不善于言辞的人，于是在留学的时候，就到了澳大利亚最大的灯具公司打工，因为他知道这家公司的老板是一个谈判高手，方杰希望能向老板学会谈判的本领。

每当有机会与老板一起进行商业谈判的时候，方杰就在口袋里偷偷揣上一个微型录音机。他将老板与对方的谈判内容一句句地录下来，然后再回家认真地听，一边揣摩一边学习，老板是怎样分析问题的，对方是怎样提问，老板又是怎样回答的。

功夫不负有心人，几年以后方杰也成了一个商业谈判的高手。

方杰的成功就源自于他能够清晰地认知自己的缺点，然后向他人学习，从而弥补自己的不足之处。善于发现他人的优点并不意味着否定自我。拥有这一种重要的才能，你会意识到自己的不足之处，从而更加努力使自己变得完美。你也会在不知不觉中学会甚至拥有这种优点，这样才会在不断更新的职场上有立足之地。

> **汲取之道**
>
> 善于吸取他人的优点会让我们受益无穷。慢慢试着发现你身边人的优点，然后就像练"吸星大法"一样把它们占为己有，让他人的优点成为你一生受用不尽的才能。

## 人无远虑，必有近忧

职场中有一个名词叫作"安全专家"，所谓的安全专家代表了满足于现状，只要能够保住"饭碗"，不升职、不加薪都可以的一类人，所以他们也不会去努力，也不会去想要获得更高的职位，因为他们认为以他们现在的能力得到这些已经足够了。

可是，社会是发展的，职场也是如此，如果你仅仅看到眼前的利益，而不顾将来的，就等于选择了吗"慢性死亡"。如果你想知道自己是否是一个有长远眼光的人，现在你把自己想象成为沙漠中迷路的人。

你在沙漠中迷路了，此刻的你已经好几天没有吃东西了，同时，你也遇到了另一个和你情况相同的人。这时一个长者出现了，他的手中拿着一根鱼竿和一篓鲜活硕大的鱼。

这时你怎么办呢？

第一种情况就是你选择了鱼，他选择了鱼竿，然后各自走各自的；

第二种情况就是他选择了鱼，你选择了鱼竿，然后各自走各自的；

第三种情况就是你们各自拿着自己选好的东西，一起上路。

第一种情况，你会原地就用干柴搭起篝火煮起了鱼，然后狼吞虎咽，还没有品出鲜鱼的肉香，转瞬间，连鱼带汤就被你吃了个精光，然而你还是没有找到走出沙漠的路，这过程中，你看到了海洋，但是因为没有鱼竿，你只能眼睁睁地看着海里的鱼，然后饿死在空空的鱼篓旁。

第二种情况，你提着鱼竿继续忍饥挨饿，一步步艰难地向海边走去，可当你已经看到不远处那片蔚蓝色的海洋时，你浑身的最后一点力气也使完了，你只能眼巴巴地带着无尽的遗憾撒手人间。

第三种情况，你们俩分吃鱼篓里的鱼，每次只煮一条，经过遥远的跋涉，来到了海边，然后用鱼竿捕鱼，开始捕鱼为生的日子。你们不但没有饿死，反而在几年后，你们盖起了房子，有了各自的家庭、子女，有了自己建造的渔船，过上了幸福安康的生活。

不知道你选择了哪一种情况，在大多数情况下，人都会选择先饱餐一顿，因为人们容易因为眼前的一点蝇头小利而丧失了对未来危险的警惕性。就像是在职场中，人们容易为眼前的利益，而放弃潜在的更大的发展空间。常常抱着"反正现在的工资已经够我生活的了""反正现在所知道的一切已经够我应付工作了"等等一些不求上进的想法。

当你把所从事的工作和所领的薪水看作是等价交换后,就会无形中错过很多成功的机会,这就等于是现实版的"买椟还珠",拿到了薪水却失去了自己的前途和信念。当你为少做了一些事情而沾沾自喜时,你是没有想过,公司也在发展,如果你不跟上公司的发展脚步,那么你就是那个被淘汰掉的人。比如说一些职场女性,因为女性的家庭观念比较强,就导致了女性在结婚生子后,因为一心扑在了孩子身上,而耽误了工作。

今年才30岁的安妮从来没想到自己会主动辞职做全职妈妈,而这主动的行为中多少有些被动。

在她十多年的职场生涯中,安妮一直都能够勤勤恳恳做好本职的工作。当初刚进公司的时候,她是后勤部门的一个小职员,工作积极性很高,常常以公司为家,看到哪里有问题,哪些地方需要改进,都会及时和上司沟通,哪怕跟上司意见不一致,也会真诚地去探讨。两年后,由于表现突出,她被提升为小组主管。

大约过了一两年后,当初的热情就渐渐不在了,每天都是机械地做着同样的事情,不愿花心思多思考一些问题,上司交给的工作只是保质保量地完成。有时候,部门开会,上司给大家鼓劲,她心里也会起一阵波澜,想努力做一番事业,可随后,惰性又使她沉寂下来。在小组主管的位子上干了3年,没有任何提升,后来她就干脆回家生孩子去了。

产假过后,安妮把精力都放在了孩子身上,对于工作的热情少得可怜。看着身边的人不断地提升,她总是这样对自己说:"没关系,做好现在的事就可以了。公司福利不错，工作压力小，能这样一直做下去也挺好的，何必在乎职位呢？"终于有一天，上司不温不火地对她说："如果孩子非常需要你的照顾，我建议你最好做一段时间全职妈妈，好好陪伴她。"

安妮没想到，工作这么多年后，她竟被迫主动辞职，职场生涯彻底"安乐死"。她心中说不出的后悔，觉得不该在工作中过于放松自己，到现在只能回家带孩子，将来也不知怎么办。

其实也不光是女性，男性也不例外。但是不管是谁，都应该有自己的志向和理想，无论哪一行，都应该有自己出色的一面。取得了成绩不应该满足于现状；遇到了挫折和失败，就勇敢地站起来，另做打算。为了生存而工作，是最容易满足的，也是最容易实现的，一旦生存问题解决了，你就应该向着更高层次去发展。

无论做什么事情，无论成败，都要从长计议，做长远打算，并逐渐成为一种习惯。只有这样才能在职场中取得成功。

**井职之道**

人无远虑，必有近忧，想要在自己的工作岗位上做出不平凡的成绩来，就要从自身的狭隘中走出来。只有对任何事情都有一番谋划在胸，你才会不失时机地去实现你的理想和抱负。

# 与时俱进，做只"领头羊"

每个事物、每个行业都有其自身的发展规律，在不同的经济时期，身处职场的你就要根据行业的发展趋势，对自己的能力作出相应的调整。

在一次和美国大学生的聚会中，比尔·盖茨十分诚恳地说："你们当中的许多人都比我更加优秀，我相信只要你们肯努力，你们中肯定会有人超过我的。"

听了这话，学生们大感不解，莫非比尔·盖茨不肯透露他的成功秘诀？

一位学生十分直率地问道："请问比尔先生，你能够告诉我们你是怎样获得成功的吗？"

比尔·盖茨微笑着说："我之所以能够成功，那是因为我一贯坚持做好两方面的工作。第一方面，我十分专注于自己所从事的工作；第二方面，我时刻关注着行业的发展动态。"

比尔·盖茨这两句话太平常了，几乎是老生常谈的东西，学生们听了直摇头。

其实，任何真理都是朴素的，成功的秘诀也不例外。只有你密切关注着你所在行业的发展动态，你才能够做到始终走在你所在行业的最前端，当你走在最前端的时候，试问，还有谁能够超越你吗？

美国IBM公司一直是大型计算机的生产巨头。在20世纪80年代小型个人用电脑已初见端倪，但IBM的领导者并没有认识到这一点，他们对生产小型电脑不屑一顾。当苹果、戴尔等个人电脑大行其道，并改变了人们生活的时候，IBM的脚步已经慢了一拍。

在20世纪70年代以前，美国生产的汽车以宽大、舒适、排量大而著名。但随着能源的逐渐紧缺，一些精明的生产商认识到，小排量的节能汽车将越来越受到消费者的欢迎。因此，通用、福特汽车公司立即转变战略，生产排量小的汽车，而克莱斯勒公司却没有认识到这一点，依然生产大排量汽车。当第一次石油危机来临时，小排量汽车大受欢迎，通用、福特度过这次危机。而克莱斯勒公司却损失惨重，大排量汽车积压如山，9个月内企业亏损7亿美元，创美国企业亏损最高纪录。

可见，不能跟上时代的脚步，下场是惨痛的。同样，工作中我们也是如此，公司的发展靠的是全员的努力，只有我们自身具有超前的发展意识，企业才能够始终跟上时代的脚步。所以说，时刻关注本行业的发展动态是每一个职场人士应该具备的素质，没有这一点做任何事情都不会成功。

> **井收之道**
>
> 敏锐的洞察力和前瞻性的眼光,是一个职场人士的撒手锏。做本行业的"领头羊",你不仅能收获个人的成功,还能为你的公司带来成功。

## 不要耻于"示弱求助"

从每个人的内心来讲,都是希望被他人需要的,因为只有这样,似乎才能体现出自己存在的价值。所以,如果你在职场中,能够恰到好处地向自己的同事示弱或是有求于他,那么无形中就把他的地位凌驾于自己之上,这样的做法在对方看来是很受用的。

韩信年少时父母双亡,家道贫寒,他刻苦读书,熟谙兵法,怀安邦定国之抱负。苦于生计无着,于不得已时,在熟人家里吃口闲饭,有时也到淮水边上钓鱼换钱,屡屡遭到周围人的歧视和冷遇。

一次,一群恶少当众羞辱韩信。有一个屠夫对韩信说:你虽然长得又高又大,喜欢带刀佩剑,其实你胆子小得很。你敢用你的佩剑来刺我吗?如果不敢,就从我的裤裆下钻过去。韩信自知形只影单,硬拼肯定吃亏。于是韩信二话不说就从那人的裤裆下面钻了过去。

像韩信一样承认自己的不足之处，并不是一件丢人的事情，尤其是在职场中。职场不仅仅是简单的职业技能的施展之地，同时人际关系也是一个你要涉足的重要范畴。向其他同事承认你的"无知"，无形中就是在肯定他，笼络了他的人心之外，也给你自己提供了学习的机会。

很多人会觉得向别人示弱或是求助是件有辱尊严的事情，可是不要忘了"会哭的孩子有糖吃"，你处处都表现得比别人强，什么事情都是别人来求助于你，时间久了，不要说你自己的虚荣心理会膨胀，同事之间也会对你退避三分。所以，如果你在工作中表现得太过坚强，那么你不妨试试偶尔软弱一下，那么你会发现，周围同事对你的态度也会发生变化。

张玲玲一直以来都是一个很要强的人，她在公司做部门经理，在同事眼中她就是一个女强人。

可是女强人也有让她无法承受的事情，张玲玲发现她的老公有了外遇，倔强的她选择了离婚。尽管心里很痛苦，但她从不把感情上的坏情绪带到工作中。坚持快乐地工作，把酸楚藏在心底。因工作出色，她连续几年被评为最优秀员工，经常受到公司嘉奖。无形中，她遭到一些同事的嫉妒，工作中需其他部门配合时，经常会遇到一些"绊脚石"。

渐渐地，张玲玲意识到，是女强人的形象让部分同事产生了误解。于是，她开始尝试着在同事面前适当地"示弱"，"唠叨"一些自己生活中的苦闷：说自己经常牙疼、晚上易做恶梦，称孩子又病了，近来工作力不从心……渐渐地，她发现同事们对她的态度有了变化，并开始关照她的工作、关心她的生活。

可见，适当地"示弱"，可以平衡你在别人心目中的形象，消除嫉妒，让别人不忍心伤害你！每个人都是这样，对弱者有一种天生的同情心，而对强者不可避免地有一些嫉妒心理。尤其是对于一些刚步入职场的新人来说，面对办公室中比你资格老的员工，更要拿出不耻下问的劲头来，既给别人留下了勤学好问的好印象，又能让人感觉到你对前辈的尊重。

如今很多人都爱表现出强者风范，但往往碰得头破血流。而会适当示弱的人，倒是更容易被接受。所以做人做事，如果适时地示弱，有时可能会成为赢家。

**井取之道**

弱与强，在某种时候，收到的效果截然相反：弱，反而得了强势；强，反而处于弱势。所以，放下架子做"弱者"，在某种意义上说也是人生在世的一种姿态。

# 同事之间，不远不近最相宜

同事之间的关系是很难把握的一种关系，小小的办公室，方寸之地，同事间摩肩接踵、磕磕碰碰，各种情况都会发生，最好的解决办法就是，使彼此之间的距离不远不近。

不远不近的把握原则就是，关系要融洽，要合作，但是要拒绝过分亲密。同事之间是为了共同的目的一起努力，工作起来团结成一个人，工作后，就各自有各自的生活圈子。所以，和同事之间多谈公事，少谈私事，尤其是关于自己的隐私问题，最好不要提及。只有这样的关系才能让你和同事之间和谐地相处，愉快地合作下去。现在我们具体谈谈同事相处这个话题。

首先，是和同性之间的相处。和同性之间，似乎是共同语言多一点，但是处理不当，就会招来其他同事的排挤或是妒忌。比如，在同性之间你过于热情，或者过于孤傲，都会让同事不容易接纳你。下面举两个现实中的例子供大家参考。

小萌刚到一家公司上班，由于性格活泼，没多久，就和办公室的每个人熟识起来。开始的一段时间里，大家都还是很喜欢她的。后来渐渐地，大家都会有意无意地避开她。小萌对此感到十分困惑。

原来，她总是毫不避讳地表现出她的"热心肠"。比如前几天李姐买了一条裙子，很漂亮，小萌追在李姐后面问价钱，李姐本来不想说，看她问得紧，就悄悄告诉她是花了1000元买的。没想到，小萌觉得大家都是同事，说出来也无妨，回到办公室后就和其他同事说了。导致许多同事对李姐的薪水和背景指指点点。这样的事情次数多了，大家就有意地疏远她了，直怕自己不留神的一句话被她听到，成了大家茶余饭后的议论话题。

相对之下，小纯的做法就可圈可点。作为办公室的新人，小纯深知自己什么该问什么不该问，什么该说什么不该说。平时遇到工作上的问题，小纯会立刻向其他同事请教，之后还会很客气地道谢，大家也都乐于做她的前辈。

在一次的午休时间，小纯坐在公司附近的餐厅中给朋友打电话，不远的桌子上坐着办公室中的另外一个同事。忽然从门外冲进来一个气势汹汹的女人，走到小纯同事的面前，上去就是一巴掌，嘴里还骂着"狐狸精"。小纯先是愣了一下，但及时反应过来，从包中拿出了面巾纸给同事递了过去，然后一声不响地离开了。下午在办公室见到那位同事，小纯就像是什么也没有发生过一样。偶尔在走廊听到大家议论的声音，小纯也装作听不见。

在办公室工作的日子里，没有一个人会因为小纯是新人而欺负她，也没有人因为她的办事能力强而疏远她。

在办公室中，做小萌还是做小纯，通过她们两人的事例就能够轻而易举地明了了。人多的地方少不了是是非非，对于和自己意气相投的可以发展成为朋友，对于那些和自己性格背道而驰的，就当作是生命中过客又何妨。

说完了同性之间，就剩下异性之间了。这个世界上不是男人就是女人，人人都说异性相吸，确实也是这样，和异性的同事相处起来会比较容易点，因为是异性，彼此之间会多一份包容。

但是，异性同事之间的关系掌握不好，就容易偏离方向。异性同事之间如果太过亲密，就容易招惹一些闲言碎语，重则还会对自己的声誉有所影响。

王然和梅丽在工作中的配合很默契，时间长了，发现彼此之间还有很多相似的爱好。工作之余，他们会经常约在一起喝喝茶，聊聊天。开始的时候是仅限于这样的。后来梅丽失恋了，情绪非常低落。王然觉得自己有义务去安抚梅丽，每天下班后就邀请她去看电影、打球等等。在办公室中，也常常表现出对梅丽的关心，这样的行为在办公室其他同事中尤为扎眼。没过多久关于他们"恋爱"的消息就传开了，传到了老总耳朵里后，因为公司明文规定不准发展"办公室恋情"，所以老总分别找了他们二人谈话。对此梅丽很是生气，自己还没有从上一段感情中挣扎出来，就遇上了铺天盖地的绯闻。而王然也被女朋友误会，影响了个人的感情问题。

朋友之间的关心很正常，但是王然和梅丽没有把握好尺度。和异性相处最重要的就是把握好感情的尺度，是做朋友，还是做恋人，一定要有所界限，切忌把暧昧之情带进办公室。还有一点就是不要让异性误解你的企图，不能让人认为你的热情是在施展诱惑，你的帮助是因为另有所求。

> **并取之道**
>
> 在做好自我管理的同时，多和同事进行工作方面的沟通，不要干涉同事们的私事，凡事都要留有分寸，可进可退才是正道。

## 你可以链接任何人

在职场中，很多人都喜欢在背后吐槽老板，认为老板没文化、素质低、小气抠门、能力不济……其实这些无外乎都是在宣泄你个人的情绪。中国有句老话说得好：读万卷书，不如行万里路；行万里路，不如阅人无数；阅人无数，不如与成功者同步。很显然，我们身边的成功者就是我们的老板。

其实，职场中也不是谁都能当老板的。能够成为你老板之人，一定有着你所不及的能力。你的老板作为你的后盾，他所拥有的能力不是谁都可以拥有的，他一定有着我们所不能有的优势。试想，一个民营企业老板白手起家，凭自己的本事在市场经济的夹缝中成长，从无到有，从小到大，造就了一个大企业，难道没有值得员工学习的地方吗？一个国有企业老板凭自己的能力使一个濒临破产的企业发展成一个知名企业，工人从面临下岗走向小康，难道没有地方值得员工可以借鉴吗？

当你因为老板给你过多的任务而抱怨时；当你因为老板的批评而不服气时，你应当想到一个严格苛刻的老板，往往是最能锻造出优秀人才的职场人士，他能教会你许多一般人所不具备的方法和技巧，充分挖掘你的潜质。而大多数人对于老板的批评是不能够忍受的，常常会因为老板的苛责，选择辞职。

方洁是一个有点粗心大意的人。她的第一份工作是在一家日资企业做文员。有时候，经常在她打印的文件中看到错别字，她的老板不厌其烦地给她提醒。

一次，也许是因为老板的心情不好，他又在方洁的文件中发现了明显的错误。于是当着许多同事的面，批评了方洁。方洁毕竟是个女孩子，当场就哭了起来。事后方洁坚决辞职离开了公司。

方洁跳槽到一家规模不大的小公司做文员。也许是真的长了记性，方洁在打字的时候，总是时不时地会留意措辞，甚至是标点符号。没多长时间，方洁仔细认真的态度和出色的表现，赢得了新老板的赏识。

那天下班后，方洁第一次给原公司的老板发了条短信。"当我在你手下做事的时候，不懂得珍惜你的指导，不懂得欣赏你的严谨，当我在新岗位中取得成绩的时候，才发现你的好。谢谢你的严格，成就了我的进步。"

受到老板的指责，当时肯定会觉得很委屈，但事后你会发现正是因为老板的批评，你的错误才会越来越少。老板的话不能一句顶万句，一句是一句，总有一句话能够点醒我们的人生。要学会欣赏你的老板，看到他成功的一面，像老板一样行动。

成功者往往都是在人格、品行、道德和学问上胜人一筹的，与他们在一起，你能吸收到各种对自己有益的成分，为自己的发展起到推波助澜的作用。所以要运用公司这个平台，多向你的老板学习，多与成功者同行，你将少走很多弯路。

> **井取之道**
>
> 人人都有崇拜的对象，我们往往习惯于崇拜那些在历史上有相当影响力的伟人。其实，在我们的生活中，欣赏我们身边的人，与他产生强大的链接，往往比欣赏看不见的名人更直接、更有效。

## 为自己创造腾飞的机会

工作中有许多事情，需要我们耐心地等待；但是工作中还有许多事情，需要我们积极去争取，去创造机会。常常听人说这样一句话："我在等一个机会！"的确，机会，人人都有，你可以去等待，也可以去创造。然而，等待是没有终止的，也许，过了很长时间才能等到，也可能一辈子也等不到机会。只有自己去创造，才能更好地把握机会，运用机会。

看看那些成功的人，有几个是等着机会来找他们的，大部分都是自己去创造机会的。比如默尔公司创始人菲力普·亚默尔。

幼年时期的菲力普·亚默尔个性不同于一般孩子，他对读书不感兴趣，对学校的纪律也不习惯。最后因为和同学打架被学校开除了。于是他只好回到家里帮父亲干活。

当听到加利福尼亚州发现黄金的消息，17岁的亚默尔感到机会来了，便带着锄头，怀着黄金梦来到了加州。到了之后，他才知道采金并不容易，大片荒原上挤满了采金人，吃饭喝水都成了问题。亚默尔像大家一样拼着命干活儿，太阳火辣辣地暴晒，汗水不住地流淌。

由于气候干燥，水源奇缺，导致了水同金子一样宝贵。这时亚默尔忽然想到：与其如此艰苦地挖这未必能挖到的金子，还不如搞些水来供给这些挖金子的人。

想到这个办法后，亚默尔决然地放弃了挖金子的工作，他把手里的锄头掉转了方向，去挖了一个水沟，把河水引进挖好的水池里。水经过细沙过滤，已变得清澈可饮了。他又把这些水分装在壶里，到工地上去卖。这是一笔投资极少，而收益极佳的生意，短短的一段时间后，他已有了5000美元的收入。许多人没有挖到金子，而他却靠卖水成了一个小富商。

有的时候，当你一切准备就绪的时候，机会还没有找上门，那么就是你该去找它的时候了。庸常之人等待机会，出类拔萃的人则会寻找并获取机会，让机会真切实在地为自己服务。生活中，很多人只看到"别人"，而看不到最能给予机会的人恰恰就是自己。这样一来，不仅造成了自身能力的局限，还将人生的成败完全交到了别人的掌握之中。有远见卓识的人深知，唯有自己才能给自己创造机会。

但是，机会也是不好创造的，只有坚持不懈地努力，对将来有正确的认识，有智慧的头脑的人，才能创造出好的机会。有一句格言说得好："最能干的人并不是那些等待机会的人，而是那些能创造机会，抓住机会，运用机会及以机会为奴仆的人。"

当你进入一家公司，做着你自己不擅长也不喜欢的工作，你会怎么办？是就这样任由命运的安排，还是为自己创造一个表现的机会，去赢得自己心仪的工作岗位？

张磊是学软件设计的，进入了一家著名的IT公司。

进入公司后张磊被安排做电脑及网络维护工作。刚开始，他觉得挺新鲜，也挺有成就感，但几个月后就失去了工作热情。他认为设计工作更适合自己，想到设计部工作。可是公司的软件设计人才济济一堂，张磊心头不免打鼓。经过了深思熟虑后，张磊决定先主动承担一项软件设计任务，让自己的能力说话。于是他找到老板，谈了自己的想法。

老板疑惑地问："你能行吗？"

张磊自信地回答："设计是我的专业，我设计的作品在学校的时候就曾得到过老师的褒奖，我想一定不会做得比别人差，而且我承担的设计任务，会在不影响现有工作的前提下完成。"

老板给了他一个机会。张磊设计的软件程序让老板大喜过望，并立即将他调到了设计开发部。在设计部，张磊大展拳脚，没过多久就成了公司的骨干。

如果张磊一直等着老板去发现他的才华，那么恐怕等到退休他也等不到。由此可见，很多勤奋的人缺少的其实不是机会，而是创造机会的能力。在职场中，当你认为这件事绝对不可能做成时，其实这件事中往往就暗藏了成功的机会，就看你有没有那个能力把它挖掘出来，为自己创造一个腾飞的机会。

**进取之道**

智者创造机会，强者把握机会，弱者等待机会，愚者放弃机会。凡是成功的人都在为自己创造一个又一个机会，为自己创造一个又一个辉煌。

# 别让抱怨毁了你的才气

职场中，抱怨是一件很可怕的事情，它会渐渐吞噬掉你对工作的热情，让你在工作中只剩下满腹的牢骚，而忽略了展示自己的机会。

2010年12月11日，智联招聘发布了一份职场抱怨状态特别调查报告。在参与调查的5000余人中，65.7%的职场人表示自己一天抱怨次数在1～5次之间。调查指出，13.8%的被调查者每天抱怨6～10次，3.7%的人每天抱怨11～15次，还有4.8%的职场人表示自己每天抱怨次数甚至高达20次以上，只有11.2%的人表示从不抱怨或没有意识到自己是否抱怨过。

在工作中，每个人都难免会有一些压力，当自己无法承受这份压力的时候就会产生抱怨。但是抱怨能解决问题吗？可以仔细想想，抱怨带给了你什么？大把被浪费的时间；打击自己的士气；弄糟自己的心情。对同事来说，没有人愿意整天和一个满口抱怨，天天愁眉不展的人共事；对上司来讲，花钱是雇人还是买抱怨？怎么放心把事交给一个狭隘悲观的人？

如果你对你的工作充满了不满之情，你就不会全身心投入到工作当中去，工作对于你而言，就像是一种苦役，这样的你又怎么能够做出傲人的成绩呢？与其让抱怨成为自己工作的主旋律，时时刻刻影响你心情、你的工作，那你为什么不试着换一种心态呢？不能改变环境的话，就改变自己的心态，只有这样才能在职场中生存。回顾那些有成就的人，看看他们的经历，不管环境多么恶劣，不管前途多么渺茫，他们从未抱怨过。

享有"中国第一梳"的"谭木匠"——谭传华，每当你从他的梳子连锁店走过时，看到里面古典雅致的装修，感受店员训练有素的服务时，你不会想到，他曾经落魄到仅凭两元钱存活下来。

谭传华曾经是一个背着画夹求生的落魄画家。那年他流落到云南的昆明，在大街上，他不停地问路人是否需要画像，却连遭拒绝。

路过一家饭店的时候，他看见一个微醉的男人桌子上剩了很多饭菜，饥肠辘辘的谭传华目不转睛地盯着那些饭菜。那个男人看穿了谭传华眼里的渴望，把喝剩的半瓶啤酒都倒进了饭菜里。在昆明经过3天饥寒交迫的生活，谭传华终于拉到了一笔业务，他活了下来。一个瘦弱的年轻人让谭传华把他家的旧照片画下来，画得像的话，就给谭传华2元钱。谭传华画完后，那个人很满意，给了谭传华2元钱。这个年轻人并不知道，这个年轻画家，为了这2元钱已经等了整整3天。

当人们问起他这段经历时，他没有抱怨命运对他的不公平，对于那个把啤酒倒进饭菜里的人，他没有怨恨，反而更加感谢那个人，是那个人的举动把他从乞讨的边缘上拉了回来。

看了谭传华的故事，你是否感觉有一丝力量注入了你的体内，是否感觉到其实工作中碰到的那些不如意也不过如此。如果你仍然觉得工作让你无法成熟时，请你想一想爱迪生。爱迪生基本每天都在他的实验室里辛苦工作18个小时，在那里吃饭、睡觉。但他丝毫不以此为苦。"我一生中从未做过一天的工作，"他宣称，"我每天其乐无穷。"

在爱迪生的眼里，工作已经不再是工作，而是一种乐趣了。如果你觉得你现在的工作对你来说就是无形的枷锁，那么你一定不会热爱这个工作。停止那些无谓的抱怨吧，不要让它成为你工作上的绊脚石。一味地抱怨不但不能够让你感觉到快乐，反而会让你觉得工作更加的索然无味。既然不能够改变工作，抱怨也于事无补，那你为什么不改变自己的心态呢？就像爱迪生一样，把工作当成一种乐趣。

> **升职之道**
>
> 记住，抱怨是你才华的"吞噬器"。一个终日把时间浪费在抱怨上面的人，试想他还有什么时间去发展自己的工作呢？

## 是千里马，总会遇见伯乐

在职场中，怀才不遇常有之。可能是你的才华没有被发现，没有得到重用的机会；也可能是你的胸怀大略，但是偏偏生不逢时，所以不愿意把自己的才华用在助纣为虐上，就像姜太公一样。不管是哪一种情况，但结局肯定是一样的，那就是，只要你是一匹千里马，就会被伯乐发现。

　　姜子牙出世时，家境已经败落了，所以他年轻的时候干过宰牛卖肉的屠夫，也开过酒店卖过酒，勉强得以度日。虽然生活窘迫，但是姜子牙人穷志不短，无论宰牛也好，还是做生意也好，始终勤奋刻苦地学习天文地理、军事谋略，研究治国安邦之道，期望有一天能为国家施展才华。但是我们都知道，商朝的君主是一个只爱美人不爱江山的人，所以姜子牙的才华迟迟得不到施展。不过他一直没有放弃寻找施展才能与抱负的机会，哪怕已经年过六十，白发苍苍。

　　后来，姜子牙听说周伯姬昌施行仁政，经济发达政治清明社会稳定，大得人心。便很想为兴周灭商，一展雄才大略，而此时姬昌也正在为治国兴邦而广揽人才。于是姜太公便下定决心，离开了商朝，不辞劳苦，来到了周的领地渭水之滨，在文王回都的途中，终日以钓鱼为生。

　　别人钓鱼，鱼钩都是弯的，但是姜子牙却用直钩，不用鱼饵。这一行为引起了文王的注意。文王与之交谈后，发现姜子牙是个有用之才，便招至营中，委以重任。在姜子牙的帮助下，文王和他的儿子推翻商纣统治，建立了周朝。

　　没有文王的重用，姜子牙再大的本事也得不到重用，所以姜子牙的等待是值得的。俗话说：良禽择木而栖，选择一个好的老板很重要。在职场中，你能走多远取决你老板的眼光有多远。一个贤能的老板就相当于是你职场中的伯乐，他能够发现你的才华，并且能够给你施展才华的机会。但是不是说你有才华，就一定能在第一时间被人所发现，音乐才子周杰伦也是如此。

周杰伦很小就表现出了对音乐的兴趣，听到音乐就会随着节奏兴奋地摇晃，有时候一边看电视，一边戴上墨镜学人唱歌。母亲见他在音乐方面很有天赋，毫不犹豫地拿出家里所有的积蓄，给他买了一架钢琴。这一年，周杰伦才4岁。

因为对音乐的酷爱，周杰伦严重偏科，他没有考上大学。为了给妈妈减轻负担，他选择了在一个餐厅做侍应生。但是，周杰伦也没有因此离开自己的音乐世界，他带着一个随身听，一边工作一边听歌。后来，老板为了提高餐厅档次，决定在大堂放一部钢琴，但连续尝试了几个琴师都不满意。周杰伦在空闲的时候偷偷地试了试，他的琴声震惊了同事和老板。老板拍着周杰伦的后背说，以后你就是餐厅的琴师了。

如果不是周杰伦的表妹瞒着他，偷偷给他报名参加了当时台湾著名的娱乐节目《超猛新人王》，我想周杰伦自己不会有勇气站上舞台，因为他太内向了。那天周杰伦的表演可以说是"惨不忍睹"，但是他的害羞并没有遮掩住他的才华。主持人经过钢琴的时候，惊奇地发现周杰伦在谱着一曲非常复杂的谱子，而且抄写得工工整整！于是周杰伦成了这名主持人音乐工作室里的一名助理。

可是令该主持人头疼的是，周杰伦写的歌没有歌手愿意唱，最后他不得不把周杰伦叫到房间说："既然没有人愿意唱你的歌，你就自己唱吧。如果你可以在10天之内拿出50首新歌。我就从里面挑出10首，做成专辑。" 10天之后，周杰伦安安静静地拿出50首歌，于是就有了周杰伦一举成名的专辑《JAY》。从这张专辑开始，周杰伦一发而不可收拾。

成就周杰伦的除了他的才华以外，还有他在自己的理想得不到施展的情况下不放弃的信念。不要因为暂时得不到赏识而放弃自己的目标，或是否定自己的才华，要相信自己，不断充实自己，相信你的努力，你的才华总会遇到一个懂得欣赏你的人。是金子到哪里都发光，只要有真才实学，就不怕遇不到能识贤用能的伯乐。

**井取之道·**

怀才不遇，就要多加主动出击，争取在现有的环境里做一匹更加优秀的马，多加提升自己奔跑的技能。或许有一天当你能跑得更远的时候，就会遇到伯乐。

# 第五章
## CHAPTER 05

# 把控友情尺度，
# 与人相处融洽自在

能够找到一个真正的朋友，那是一种幸运，更是一种幸福。"君子之交淡如水"，一个淡字，概括了友谊的精髓，淡淡的相惜，淡淡的相知，淡淡的相牵，淡淡的相望！如淡水一杯，平淡无奇却余味无穷！只有淡淡的友谊才会更持久。

# 道不同不相为谋

交一个什么样的朋友，是我们人生中值得你认真思考的一个问题。因为一个志同道合的朋友能为你扬起前进的风帆，而一个道不同的朋友则会成为你人生中的绊脚石。

管宁与华歆本是同窗好友，后来却分席而坐。原因在于管宁觉得自己和华歆不是一类人。两人一同在园中锄草，发现地里有块金子，因为不是自己的，管宁对金子视而不见，就如泥土里的瓦片一样。而华歆则拾起了金子，放在了一旁。此时的管宁就知道，华歆和自己是不一样的人，自己觉得金钱没有什么特殊，故不加理睬，但是在华歆眼里，金钱是不一样的，所以他才会格外看重。两人同席读书，有达官显贵乘车路过，管宁不受干扰，读书如故，而华歆却出门观看，羡慕不已。从那以后，管宁便割开席子，和华歆分席而坐了。管宁追求的是"同道"，显然，华歆和自己不是同一条路上的人，以后是没有办法继续相处的，不如从此不相往来。

这是发生在东汉时期的故事，被人们传颂至今。一块金子，一次看热闹，就能够让管宁分辨出此人是不是能够和自己建立真正的友情了。随着社会经济的不断发展，越来越多的诱惑刺激着人们的神经。此时，更要睁大自己的双眼，在茫茫人海中，寻找自己的同道中人。

如今社会更为复杂，通过几千年的变化，人的性格也越来越难以捉摸，在这样的情况才下找到自己的同道中人就更难了。有时候是相处了很久以后，才发现两个人的志向是大相径庭的，这时候你就应考虑一下你们是否适合做真正的朋友了。

张昊和李诚在大学时候就是特别要好的朋友，他们经常一起打球、吃饭、学习。毕了业以后他们又进了同一家公司。

开始的时候两个人各自负责各自的项目，下班后还一起离开公司，相互为对方解决工作中遇到的难题。后来老板看他们二人关系不错，又都表现良好，就让他们两个人共同完成一个比较大的项目。开始的几天他们利用彼此之间的默契，配合得很好。后来张昊发觉在这个项目里有机可乘，只要在报表里修改几个数字就能有一笔额外之财流入自己的口袋，而且只要李诚不说，就会神不知鬼不觉。

于是，张昊在一天下班后约李诚一起出去吃饭，几杯酒下去以后，张昊对李诚说了他的打算，并承诺得到的钱一人一半。李诚听了有些为难，他觉得这样做有损公司的利益是不对的。但另一方面，张昊是自己的朋友，不好直接拒绝他。张昊看李诚在犹豫，就开始装起了可怜，说自己最近手头很紧，连房租都交不起了，就让李诚帮他个忙。李诚只好说让他回去考虑一下，然后饭也没有吃完就离开了。

第二天一见面，张昊就问李诚想得怎么样了。李诚没有直接回答他，而是递给他一个纸袋，说："那样做不好，这些钱你先用，不用急着还。"然后就走开了。张昊见李诚不肯帮他，很是生气，就自己开始行动了。李诚碍于朋友的情面没有到老板那里告发张昊，但是却向老板提出退出这个项目。老板又派一个人来和张昊合作，张昊私吞公款的事情没多久就败露了。最后老板把张昊开除了。本是一对好兄弟的张昊和李诚从此形同陌路。

也许很多人会觉得李诚这个人太固执，太不讲情面，可是故事中的李诚却是一个可交之人，朋友有难处，他能够慷慨解囊，并劝说朋友在错误面前止步。而张昊却不惜利用李诚的善良来陪自己犯错。李诚能够及时与张昊划清界限，没有被金钱蒙蔽双眼，实为明智之举。

交朋友要以人的道义、忠信为前提，这样的朋友才能够"志同"，并且能始终如一。如以利益为主，有则亲密无间，无则白眼相见，这样不是真正的友谊。只能说是共同利益上的合作伙伴，是无法交心的。要明白一句话"物以类聚，人以群分"。用智慧的眼睛去寻找自己的"同道中人"和你一起走人生路，这样的人才能够成就你。

**进取之道**

在人生的道路上唯一可以陪你走一生的，只有和你志趣相投的朋友，你们的感情虽然平淡如水，但能风雨同舟，生死不渝。

## 栽友情之树，开信任之花

如果一个人的身边连一个说真心话的朋友都没有；遇到了挫折，连一个可以倾诉的朋友都没有；如果你面对每一个人都要戴着面具，这样的生活只会让你觉得毫无意义。所以，当你身边出现一个可交的朋友，请拿出你的信任，守住你的友谊之树。下面这个故事发生在公元前4世纪的意大利。

故事中一名叫皮特斯的年轻人触犯了法律，被国王判了死刑。此时，皮特斯十分后悔自己的一时冲动违反了法律，他想到自己年迈的母亲，把他抚养长大，他却没有尽过自己的孝心。于是他恳求国王，希望能与远在百里之外的母亲见最后一面，以表达他对母亲的歉意。

国王被他的孝心感动了，于是准许了他的请求。但国王也提出了一个要求，就是要皮特斯找一个人来替他坐牢，这样就可以避免他逃跑，看似简单的要求，但是却那么难以做到。没有人会傻到用自己的性命开玩笑。

正当皮特斯以为自己再也不能够见到母亲时，皮特斯的朋友蒙奇出现了。他愿意替皮特斯坐牢，蒙奇的这一举动被人们称作是"疯子"。他们都在等着看蒙奇被朋友骗的结局，日子一天天过去，眼看刑期在即，皮特斯却仍不见回来。

行刑的日子到了，皮特斯仍然没有回来，只好由蒙奇替死。当蒙奇被押赴刑场时，而蒙奇的脸上却看不到恐惧，当绞索挂在蒙奇脖子上，就在千钧一发之际，忽然传来皮特斯高喊的声音："我回来了！"

在场的人们简直不敢相信这是真的，但它确实是真的，皮特斯在最后的关头出现了。他和蒙奇在绞首架前紧紧地拥抱在了一起。

尽管最后皮特斯还是死了，但是人们不再记得他所犯下的罪状，而是记得他和蒙奇之间的友情是多么的感人。

为了朋友，死而无憾，这是多么深入骨髓的信任，正是有了这份信任，友情才是坚不可摧的。信任不会因为时间、距离而改变，不要因为距离的疏远，时间的流逝，就疏远了友情。当你在网上和素不相识的人聊着自己的真心话时，想一想，其实你的身边，有更好的人选，那就是你的朋友。

有句诗说得好，"海内存知己，天涯若比邻"，有一个可以信任的朋友，哪怕只有一个，你也是这个世界上幸福无比的人。

**井收之道**

真正的友谊，最宝贵的精神就是双方的信任。假如把友情比作一棵树，那么这棵树上，最美丽的果实就叫作——信任。

## 学会倾听，重拾失落的沟通

当一个人失落和寂寞时，总是会想要找朋友倾诉一番，当得到朋友的安慰后，烦恼就会抛到九霄云外去了。有时候一段默默地倾听，会给失落者一点安慰的，尽管解决不了实质性的问题，做一个真诚的倾听者，能真实去关心和安慰，也算是对朋友的一种回报了。

倾听朋友，需要我们的耐心，需要我们的理解。耐心地听朋友把话说完，理解他们想要表达的意思。有时候我们常常没有足够的耐心去听朋友把话说完，只听了前半句就去猜测后半句，这样就很容易误解朋友的意思。

在美国一个著名的儿童节目中，主持人问一名小朋友："你长大后想要做什么呀？"小朋友认真地回答："我要当飞机的驾驶员！"主持人接着问："如果有一天，你的飞机飞着飞着，忽然所有引擎都熄火了，你会怎么办？"小朋友想了想，说："我会先告诉坐在飞机上的人绑好安全带，然后我挂上我的降落伞跳出去。"当在场的观众都被小朋友的小聪明逗得哈哈大笑时，主持人发现孩子的两行热泪夺眶而出。主持人于是忙问他说："为什么你要这么做？"小孩的答案透露了这个孩子真挚的想法："我要去拿燃料，我还要回来！"

观众的不够耐心，伤害了孩子善良的心灵。所以说，倾听是一种艺术。只有你耐心地去听了，认真地去听了，你才不会误解朋友的意思。当有朋友信任你，把她的苦痛和烦恼吐露给你的时候，你要学会倾听，做一个耐心有风度的听众。懂得倾听朋友的人，不光是要听朋友说了什么，更要听出他的心声，他开心了，要与他分享；他难过了，要给予安慰。我们现在的生活节拍就像是飞转的轮子，一刻也停不下来，可越是这样，就越不能吝啬自己的那一点时间去倾听朋友，我就曾因此而失去了一个朋友。

那还是我刚参加工作的时候，初入社会，很多事情需要去适应，常常会忙到身心疲惫，几乎很少有时间和朋友联系。

有一天我接到大学时候同寝室一个朋友的电话，那时候我们非常要好，毕业后，她回到了老家所在的城市。在电话里她和我说，她失恋了，工作也不是很顺利……由于工作了一天，我很想赶快休息，没有听她说完，就劝道："失恋没什么大不了，可以找更好的嘛！而且现在找个工作多么不容易，要是再离开家就更不容易了。坚持总会好起来的。"听完我说的话，她没有再说什么，我借机说我要休息了，有时间再和她联系，然后就在相互的道别声中挂断了电话。

第二天我就忘了这件事，直到过年的时候才想到给她打个电话问候一下，但是却是停机。我只好找出当初的同学录，但愿她家没有换电话号码。接电话的是她母亲，那边沉默了很久，然后告诉我说，她已经去世了，是自杀，失恋的打击，工作的挫折，让她患上了严重的抑郁症。

放下电话，我陷入了极度的后悔之中，我后悔当时没有听她多说说，哪怕多一会儿也好，哪怕说一句安慰的话，也许结果会是另一个样子。这件事情，我永远无法原谅自己。

不要等到无法挽回的时候，才去后悔自己没有做过的事情。有时候她不是一定要你帮助她什么，也不是需要你的同情，她只是需要把积压在内心的郁闷找一个人倾诉，得到情绪上的发泄，这时候只需要借你的耳朵用一用，只需要借你的心灵来感受一下。

好朋友不是一定要天天喝酒吃饭；好朋友不一定经常挽着手臂逛街购物；好朋友也不一定要有高深的学识和俊美的外貌。但好朋友一定是那个愿意听对方发牢骚、吐苦水的人。不管对方说到哪里，都要用鼓励的眼神看着对方，用温暖的微笑看着对方，安抚对方浮躁的心情。朋友对你的倾诉，代表了他对你信任，有一个这样信任你的朋友，也是你的一种福气。有一种感觉也叫幸福，就是被人信任的感觉。

> **井取之道**
>
> 倾听犹如春天刚发芽的嫩草，给人带来新生力量和希望之火；倾听犹如炙热的夏日里一阵凉风，送来愉悦轻松的感觉。倾听朋友的诉说，与朋友共同分享快乐，分担痛苦，让朋友感觉自己不是孤单的。

## 君子之交，不出恶语

生活中"多个朋友多条路，多个敌人多道墙"，如果我们一个人树敌过多，不仅会让我们前进困难，即使能够正常工作和生活，也还是会遇到一些本来可以避免的麻烦。

那么我们如何才能避免自己树敌太多呢？其实很简单，首先就是要避免总是去指责别人。指责别人无疑是对他人自尊心的一种伤害，而他为了保护自己的自尊心只能为自己辩解，即使你说的是对的，很有可能他也不会理会，反而更加疏远你。

所以说对于别人一些非常明显的错误我们最好不要直接进行纠正，不然的话就会让别人觉得你是在故意显示自己多么高明一样，这样非常容易伤害到对方的自尊心。

我们在生活当中一定要记住，除了一些原则的事情，其他事情最好能够给对方多一些宽容，这样不仅可以避免自己树敌，而且还能够让对方的虚荣心得到满足。

为了避免树敌，我们还有一点需要注意就是不要企图通过吵架来解决你们之间的问题。实际上，在争吵当中是没有胜利者的，即使你在口头上取得了胜利，那么你无疑又给自己"找到"了一个敌人。

争吵不仅会让自己树敌，而且还会在别人面前破坏自己在他人心目中的良好形象，是一点没有好处的事情。

其实，我们仔细想想，每一次争吵都是有原因的，如果我们能够分析出吵架的原因，那么相信会更容易解决问题。

如果仅仅是为了日常生活中一些无关紧要事情，那么你就应该避免与别人去争高低。而如果你一面公开提出自己的主张，可是却又在私底下对那些不同意见进行抨击，这样就更加不明智了，等于你自己把自己孤立了起来。

在汉朝初年，有一位叫直不疑的官员，他得到了提升，可是为此也招来了一些同僚的嫉妒，于是就有人在皇帝面前诋毁他："听说直不疑这个人和他的嫂子私通。"

结果这句话没有多长时间就传到了直不疑的耳朵里，实际上，直不疑连哥哥都没有，根本没有可能和嫂子私通。可是令大家觉得奇怪的是，直不疑并没有站出来澄清事情，为自己辟谣。

直不疑为什么这么做呢？原来直不疑认为他听到的谣言只是在少数人中传播，而且造谣的人这条谣言不好使的话一定还会去编其他的谣言。

最后直不疑只是在金銮殿里轻轻地说了一句，"我连哥哥都没有，怎么会……"就是直不疑这么一句话看似由于吃惊脱口而出的话，让恶毒攻击他的谣言不攻自破。

对于谣言，你越是争辩就传播得越快，你越是压制就越会因为变得神秘而更显得真实，最为聪明的办法就是不予理会，这样反而能让谣言迅速停止传播。

还有一次，当时直不疑和几个人住在一起，结果同住一起的一个人回家的时候不小心错拿了另外一位同僚的钱，而这位同僚发现之后就怀疑是直不疑偷的，直不疑听完之后不仅没有争辩，反而真诚地道了歉，并且赔了钱。

过了一段时间，那位回家探亲的人回来了，把自己错拿的钱还给了那位同僚。结果这位同僚为当时自己草率怀疑直不疑感到非常惭愧，向直不疑道了歉。结果这件事情之后，关于"直不疑是一个好人"的结论在人们之间传开了。

直不疑就是用这种看起来不是策略却胜似策略的办法，让自己在官场当中游刃有余，最后一直做到了御史大夫。

**开取之道**

在实际生活中很有可能因为你的某些过失伤害了别人，那么你一定要及时向别人道歉，这样做才能够化敌为友，彻底消除对方对你的敌意，也许你们会相处得更好。

## 让朋友表现得比你更优秀

大多数人都会在某种程度上拥有某种优越感，比方说职业优越感，一个月薪上万的人在拿千八百的人面前当然会感觉良好；比方说长相上的优越感，据说美女都不愿和美女做朋友，因为那样不足以显出她的美来。

但是往往越有优越感，就越不要表现出自己的优越感。聪明的人，都会掩饰住自己的光芒，然后让朋友显示出优越感。

> 周六上午，安找到她的同事莉诉说痛苦遭遇。
> 
> 原来，安因为想有更多时间和男朋友相处，在两个月前辞掉了在老家的工作，来到男朋友所在的城市，和男友正式同居。两个月下来，安没想到男友居然有不少坏毛病。
> 
> 安又伤心又绝望。她想到了在新单位里认识了两个月的同事莉。莉是个性格豪爽的女孩，除了爱表现优越感之外，安觉得莉身上的好多优点都是自己要学习的。所以两个人很快成了无话不说的朋友。
> 
> 安在咖啡店里和莉讲述了自己两个月来的遭遇。莉一开始还能仔细询问安的伤情，问安要不要去医院检查，同时还安慰、开导安。

但是，说着说着，莉的劝慰就变了味，她开始自顾自地秀起了她和男友的恩爱，像过电影一样把她和男友相处三年的点滴美好秀给安听，还把手上的戒指炫到安的眼前。滔滔不绝的莉根本不顾及安在此时此刻听得多么难受。最后，莉还不忘数落安："你呀，就是太天真。大学四年也没好好审核审核你男友的人品吗？和我比，你可差远了……"

心情本来就低落到冰点的安实在受不了莉这种高高在上的优越感，便找了个借口结束了谈话。她也由此决定，以后无论自己糟糕到什么地步都绝不会再找莉了。

故事中的莉也许没有什么坏心思，但情商太低却是不争的事实。她一心沉浸在自己的优越感中，丝毫不理解安的处境和感受，还在安的面前秀恩爱。这样的人不但冷漠而且非常自私，没有朋友也是情理中的事。

所以，如果不想像故事的莉一样没朋友，我们就要多一些谦虚，少一些锋芒毕露、咄咄逼人。有人说："缺少谦虚就是缺少见识。"要知道，一个人再优秀，也会有自己的短处，正所谓"天外有天，人外有人"。真正强大的人从来不炫耀自己，而是对人、对事保持着充分的尊重和谦逊。

苏格拉底在雅典一再地告诫他的门徒："你只需知道一件事，就是你一无所知。"在朋友面前无论你以什么样的方式对对方进行否定，一个蔑视的眼神，一种不满的腔调，一个不耐烦的手势，都有可能带来难堪的后果。因为你否定了他的智慧和判断力，打击了他的荣耀和自尊心，同时还伤害了他的感情。正确的做法就是对朋友的做法给予肯定。

有一位表演大师邀请朋友看自己的表演。上台前他们在后台闲谈，忽然他的朋友说"你的鞋带松了。"大师听了连忙蹲下来仔细系好，并点头致谢。

这时，表演大师快上场了，朋友便向看台走去。看到朋友走远后，表演大师又蹲下来将鞋带解松。这一切被在一旁的助理看见了，不解地问："大师，您为什么又要将鞋带解松呢？"大师回答道："因为我饰演的是一位劳累的旅者，鞋带松开，可以通过这个细节表现他的劳累憔悴。""那你为什么不直接告诉你的朋友呢？""他能细心地发现我的鞋带松了，并且热心地告诉我，说明这是他在关心我，他会为自己能够给我帮助而开心的。"

这位大师是幸福的，因为他有朋友的关心；而他的朋友也是幸福的，因为他能感觉到自己被朋友需要。当我们让朋友表现得比我们优越，他们就有了一种"重要人物"的感觉；但是当我们表现得比他还优越，他们就会产生一种自卑感，很可能会因此造成羡慕和嫉妒。纽约市中区人事局最有人缘的工作介绍顾问亨丽塔就有过相似的经历。

在初到人事局的头几个月当中，亨丽塔一个朋友都没有。为什么呢？因为每天她都使劲吹嘘她在工作介绍方面的成绩、她新开的存款户头，以及她所做的每一件事情。

苦恼的亨丽塔向拿破仑·希尔诉说道："我工作做得不错，并且深以为傲。但是我的同事不但不分享我的成就，而且还极不高兴。我渴望这些人能够喜欢我，我真的很希望他们成为我的朋友。"拿破仑·希尔在听后，说："我建议你从现在开始少谈自己而多听同事说话。因为他们也有很多事情要吹嘘，试着倾听他们的成就远比炫耀你自己的成就更开心。"

亨丽塔采纳了拿破仑·希尔的建议。当有时间在一起闲聊的时候，她就请他们把他们的快乐告诉她，而只在他们问她的时候她才说一下自己的成就。"果然，她把每一个同事都发展成了自己的朋友。

如果现在的你还没有改掉在朋友面前喋喋不休地诉说你自己取得的成就，还在不停地显示自己是多么优秀的话，在你的朋友还没有因为你的优越感而离开你之前，那现在是你该停止的时候了。

**井取之道**

如果你要得到仇人，就表现得比你的朋友优越吧；如果你要得到朋友，就要让你的朋友表现得比你更优越。

# 不可透支的友情资源

曾经有一句话说，比没有钱更难过的事就是没有朋友。可见朋友对于一个人来说有多重要。好朋友就像是一种稀缺资源，我想没有人愿意失去。因为只要有朋友，世界就会精彩；只要有朋友，哪怕你什么都没有，还可以痛痛快快哭，可以潇潇洒洒笑。

每一个成功的人身后，一定有许多朋友在支持着他，所以我们应该珍惜身边的每一个朋友。好朋友不求多，但求交心。一个人一生中有几个知心的朋友，那将是多么幸福的一件事情。古代就有伯牙和钟子期的故事为人所称颂。

伯牙的琴术很高明，一天，伯牙弹琴的时候，想着在登高山。钟子期听到了，说："弹得真好啊！我仿佛看见了一座巍峨的大山！"接着伯牙又想着流水，钟子期又说："弹得真好啊！我仿佛看到了汪洋的江海！"

每次伯牙想到什么，钟子期都能从琴声中领会到伯牙所想。有一次，他们两人一起去泰山游玩，途中突然天空下起了暴雨，于是他们来到一块大岩石下面避雨。好好的行程被大雨打断，伯牙心里突然感到很悲伤，于是就拿出随身携带的琴弹起来。开始弹绵绵细雨的声音,后来又弹大山崩裂的声音。每次弹的时候,钟子期都能听出琴声中所表达的含义。伯牙于是放下琴感叹地说:"你真是我的知己啊!无论我心中想什么,都逃不过你的耳朵。"

当钟子期去世后,俞伯牙悲痛万分,认为知音已死,天下再不会有人像钟子期一样能体会他演奏的意境。所以,终生不再弹琴了。

是啊,人的一生能有几个真心朋友呢?在我们身边有像钟子期了解伯牙一样了解我们的朋友,是少之又少的。可有的时候,我们往往会认为友情是取之不尽、用之不竭的。于是,大肆地浪费着我们的友情资源,总是认为来日方长,以后补偿的机会多得是。然而,不是所有的友情都会等你去补偿,也不是所有的友情都会给你补偿的机会。你对朋友的索取,朋友对你付出,应该是成正比的,而不是你无条件地享受朋友带给你的任何给予,这样做的后果就是你们的友情被你透支。

一个朋友接手了一个杂志社,由于社里的资金并不富裕,不仅人手少,稿费也不高,但是他又不愿意因为稿费的因素降低杂志的水准。最后杂志社面临着关门的危险。

这时候,他想起了自己的一些作家朋友,于是就想用朋友的交情邀请朋友给他写一些稿子。起初,朋友看他有难处,都慷慨解囊,有的甚至放下自己的手头正在做的稿子,也先帮他完成。

渐渐地,他的杂志社有了起色,开始盈利。这期间他也想过给自己的朋友稿费,可是看着各项支出,又想,反正是朋友,不用白不用。后来当他再一次想找朋友约稿的时候,那个朋友找理由推辞了,到最后，没有一个朋友愿意为他写了，其中一个还和他说："我站在朋友的立场帮你，但是你这样做是在透支人情。"

也许你听说过银行卡会透支，你一定没有想到友情也会透支。朋友之间，再好的关系，也是要讲情分的。友情是很微妙的一种东西，是需要我们用心来经营的。就像是我们在银行开账户，你只存入很少的钱，却不断地提取，到最后账户就会全部归零，朋友就不能再为你提供帮助。

每个人都有自己的生活和烦恼，试问我们自己对朋友的付出，能做到的也是非常有限。同样，对朋友作过分要求，是无知的苛索。朋友的扶持只能视作一时应急，不是长期接济。不论再失意、再颓废、再辛苦，我们都不能想当然地永远倚靠朋友。做一个自强自立的人，相信不但能够有更多的朋友愿意帮助你，你也会得到朋友的尊重。

**井收之道**

好朋友多半数不完五根手指头，既然是资产，你就必须要经营，付出时间、努力和精力。一味地索取，只能令你的朋友资源越来越贫乏。

# 许诺量力而行，承诺势在必行

《道德经》中有这样一句话："夫轻诺必寡信，多易必多难。是以圣人犹难之，故终无难。"用现在的话说就是：人不要对自己没有把握的事情轻易许诺，能够轻易答应他人请求，并给他人承诺的人，必定是个不容易信守承诺的人。

从《道德经》中，我们就可以看出中国文化中对诺言诚信的看重。人际交往中，每次承诺约定都会影响他人对我们的印象。尤其在与亲友的交往中，更不可因为一句话的疏忽大意，而在朋友圈中落个不诚不信、妄言诳语的坏名声。做个许诺量力而行，承诺势在必行的人，才能和朋友维持良好的关系。

人无信而不立，要想社会"混得开"，慎言守信少不了。一个人如果言行失信，那他一旦处于困境，就只能坐以待毙。这是很多中国古代故事早就揭示过的社交智慧。

明代笔记《郁离子》中记录了这样一个故事：

济阳有个卖商的商人，坐船过河时船沉了。商人恰巧抓住一根麻秆呼救，呼唤来了一位驾船路过的渔夫。商人为了让渔夫营救自己，遂匆忙叫喊："我是济阳首富，我有很多钱，你如果能救我，我就给你一百两金子。"渔夫闻言立刻施救，把商人送回岸上。可商人却出尔反尔，只给了渔夫十两金子，并说道："你不过是个打鱼的，一辈子又能赚多少钱呢？今天给你十两金子，你就应该满足了！"商人食言耍赖，渔夫也别无他法，只能自认倒霉。后来，又有一次商人在当初落水的地方翻船，有路过的人准备搭救，那个曾经被骗的渔夫告诉准备施救的人："这个商人是个骗子，他说话不算。"于是商人溺水而亡。

因为不守承诺而丧失别人的信任，最终造成自身处于困境却难得他人帮助的人比比皆是。而要想避免胡乱许诺给自己带来糟糕的朋友圈口碑，就要记住，即使面对被别人的请求胸有成竹，也不要着急答应，许诺为自己留有余地，三思而后行。这样才能保证一诺千金，让你变成那个朋友圈人人都想结交的"靠谱的人"。

小李是摇滚乐发烧友，家里有很多收藏的绝版唱片，圈内朋友们都喜欢问他借着听。某次一位很要好的朋友向小李借唱片，小李想都没想，立刻答应明天会带给朋友。结果等他回家翻找时才发现，朋友要借的那张唱片之前被自己送人了，没法借给他了。

于是第二天，小李只好硬着头皮告诉朋友："那张唱片我送人了，不能借给你了。"

朋友听到后，觉得小李是在搪塞自己，十分不愉快的说："不想借你就直说，没必要找这种借口。"

虽然后来在小李的再三解释下，朋友相信小李说的是真话，却还

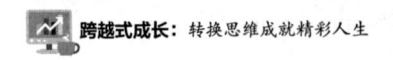

是劝小李："下次你觉得做不到的事情，就不要随便答应别人。"

其实，小李和朋友之间的这场小矛盾，如果小李能在开始就说一些场面话，别承诺得太满，就能很好地避免。

遇到类似这样不确定能不能办到的事情时，我们不妨说"好呀，你借当然没问题！不过我得回去找找，家里的唱片比较多，我不记得有没有借给别人。"一句话既表示了自己很高兴借给对方，让朋友感受到大方亲密，又给自己留有转圜的空间，避免了因为贸然承诺，而可能导致的失信。

诸如此类，在我们与朋友谈话时，可以把"没问题""一定行""看我的"这类绝对化的答案换成"我试试""我尽量""别担心，我帮你"这类更谦虚的词。因为社交不仅靠一腔热情，还要靠谨言慎行，量力发言，你才能赢得亲友社交中的好口碑。

### 进取之道

想要得到朋友的友谊，就要为朋友多做些事，但也要充分考虑对方的事情自己是否真正能够予以帮助。因为社交不仅靠一腔热情，还要靠谨言慎行，量力发言，你才能赢得亲友社交中的好口碑。

# 道歉的力量无与伦比

从我记事以来，我只失去了一个朋友，因为一些误会，我们谁也不肯和对方和解，于是友情在时间的侵蚀下，渐渐变得面目全非，直到最后消失不见。现在仔细想想，友情其实不像我们想象的那样坚固，有时候友情也很脆弱。

那还是我上初中的时候，在班里有一个十分要好的朋友。我们好到了交换日记看的地步，上课传纸条，下课的时候基本上是形影不离。后来我偶然从另外一个朋友那里听到她说我的一些话，大意就是她不是很信任我。她的话让我很伤心，从那天起就开始疏远她了，几次看见她欲言又止的样子，但最后都没有说出来。直到后来她转学了。我就这样失去了一个好朋友。

其实，如果当时她向我说声"对不起"，我一定会原谅她，尽管她的不信任伤害了我自尊心。可是她没有说，尽管最后我还是原谅了她，但是也无法挽回我们之间的友情了。

很多人认为，朋友之间不必计较太多。因为是朋友，不管做错了什么事情，朋友都会原谅你，不会跟你计较。如果说对不起的话，反而会显得生分。但是当你做了让朋友伤心的事情，就一定要记得真诚地和朋友说"对不起",朋友之间可以相互谅解,可以相互包容,但是朋友的心不能伤,一旦伤了就会留下伤痕。

恩格斯和马克思的友情感动了很多人,他们之间也曾经出现过不开心的事情,但是因为马克思的及时道歉,留住了这段真挚的友情。

1863年1月7日,恩格斯的妻子患心脏病突然去世,恩格斯十分悲痛。他写信给自己最好的朋友马克思,信中说:"我无法向你说出我现在的心情,这个可怜的姑娘是以她的整个心灵爱着我的。"

第二天,马克思在给恩格斯写回信中,对玛丽的噩耗只说了一句慰问的话,却诉说了一大堆自己的困境:肉商、面包商即将停止赊账给他,房租和孩子的学费又逼得他喘不过气来,孩子上街没有鞋子和衣服……生活的困境使马克思忽略了对朋友不幸的关切。

正在极度悲痛中的恩格斯收到马克思的信后,没有得到自己想要的安慰,不禁有点生气了。从前,他们每隔一两天就通一次信。这次,一直隔了5天,恩格斯才给马克思复信,并在信中毫不掩饰地说:"自然明白,这次我自己的不幸和你对此的冷冰冰的态度,使我完全不可能早些给你回信。我的一切朋友,包括相识的庸人在内,在这种使我极其悲痛的时刻对我表示的同情和友谊,都超出了我的预料。而你却认为这个时刻正是表现你那冷静的思维方式的卓越性的时机。那就听便吧!"

波折既已发生,友谊经历着考验。这时,马克思并没有为自己辩护,而是作了认真的自我批评。10天以后,当双方都平静下来的时候,马克思写信给恩格斯说:"从我这方面说,给你写那封信是个大错,信一发出我就后悔了。然而这绝不是出于冷酷无情。我的妻子和孩子们都可以作证:我收到你的那封信时极其震惊,就像我最亲近的一个人去世一样。而到晚上给你写信的时候,则是处于完全绝望的状态之中。在我家里待着房东打发来的评价员,收到了肉商的拒付期票,家里没有煤和食品,小燕妮卧病在床……"

收到这封信后,出于对朋友的了解和信赖,恩格斯立即谅解了马克思。他立即给马克思的信中说:"对你的坦率,我表示感谢。你自己也明白,前次的来信给我造成了怎样的印象。我接到你的信时,她还没有下葬。应该告诉你这封信在整整1个星期里始终在我的脑际盘旋,没法把它忘掉。不过不要紧,你最近的这封信已经把前一封信所留下的印象消除了,而让我感到高兴的是,我没有在失去玛丽的同时再失去自己最老的和最好的朋友。"随信还寄去一张100英镑的钞票,以帮助马克思度过困境。

如果没有马克思真诚的道歉,这段被人传为佳话的友情说不定就戛然而止了。倘若你发现自己错了,能真诚、主动道歉,远比那些千方百计地找理由给自己辩护的人更能得到谅解甚至是尊敬,因为在朋友的面前,更要表现出自己的正直和坦荡。

**井取之道**

诚恳的歉意不仅能弥补彼此之间的裂痕,还可以增进彼此之间的感情。只要一句"对不起"就能冰释前嫌,就能唤回友情。

## 忠言常逆耳，美言常害人

人的一生受朋友的影响是很深刻的，许多人因为朋友而成功，也有许多人因为朋友而失败。能够交到一个好朋友是你将受益一生的好事。

每个人都知道"忠言逆耳利于行"，但是还是常常会陷入这样一个误区，常常把经常夸赞自己，或者是对我们言听计从的朋友当作是最好的朋友，当作是知己；对经常批评自己，给自己提意见的朋友，开始的时候还能保持一定热情，次数多了，就会开始讨厌对方。

这都是人的虚荣心在作怪，因为没有人不希望得到别人的肯定，不希望听到别人的赞美。但是，你可曾想过，那些每天赞美你的人，到底是不是真心地在赞美你，你真的就像他们描述的那么完美吗？甜言蜜语、阿谀奉承的话会让人如沐春风，十分受用，但结果却是，得意忘形，被美言蒙蔽了双眼，看不到事情的本来面目。这些都是有历史为鉴的。

唐朝皇族宗室李林甫，擅长书画，才艺过人，但是此人却是一个"口蜜腹剑"之人。他通过谄媚逢迎等各种手段，买通和勾结唐玄宗宠爱的武惠妃和大宦官高力士，取得唐玄宗的信任，于公元734年攫取了宰相职位。当时，同为宰相的还有张九龄和裴耀卿。

张、裴二人的才华远在李林甫之上，李林甫为了独揽大权，他把功夫都下在了怎样恭维唐玄宗上。每当张、裴二人向皇上的建议提出异议时，李林甫就私下迎合皇帝的想法，这样唐玄宗十分高兴，渐渐地对李林甫深信不疑，对张、裴二人不再重用，直至最后彻底罢免宰相之职。李林甫终于如愿以偿地独揽了大权，此后更加极力地用美言迷惑唐玄宗，压制朝廷中贤臣，最终导致朝廷腐败，引发了著名的"安史之乱"。

"美言"害人不浅，对于皇帝是如此，对于我们现实中的每个人来说更是如此。如果你不能准确地区分真诚的赞美和阿谀的奉承，那么你就很容易在美言中迷失方向，迷失自己。

真正的朋友，是那个你犯了错误他敢于批评你的人，是那个时时刻刻能够看到你的不足之处，然后为你提出建议的人。所以，不要因为朋友说了你不爱听的话，就感到不满，能够批评你的人，是因为他不希望你再次犯同样的错误；能够为你提出建议的人，是因为他希望你能够越来越完美。对于这样的朋友，我们应该加倍地珍惜，而不是避而远之。尤其是那些敢当面骂你的，不要记恨，而是应该去感谢，而这一点不是谁都可以做到的，但是林肯做到了。

开创了美国不朽基业的林肯曾经被人骂过"笨蛋"，但是林肯却没有因此而生气，而是把那个人当作是自己的好朋友来对待。

这个骂林肯是"笨蛋"的人是爱德华·史丹顿。一次，林肯签发了一项命令，要调动爱德华·史丹顿的军队去执行某项任务。可是爱德华·史丹顿认为林肯的行为是为了取悦政客，于是他拒绝执行此次任务，而且说签发这个命令的人一定是个笨蛋。

这话传到林肯的耳朵里，林肯说："既然说我是笨蛋，那肯定是我有问题，他向来是一个公平的人。"于是林肯亲自找到了爱德华·史丹顿，要求他谈谈自己的看法。爱德华·史丹顿仔细地分析了这项命令的不妥之处，并断言执行后会给国家和总统本人带来危害，然后还给林肯提出了一些很好的建议。

林肯听后，意识到自己确实是签发了错误的命令，连忙收回了成命，并向爱德华·史丹顿真诚地道谢。

一般情况下，一个真诚的朋友对你的批评都是对你有好处的，聪明的人会把这些批评视为无价之宝，认真保存，并以此作为自己进步的标尺。有句话说得好："最难得的是朋友的批评，最可怕的是敌人的赞美。"

**进取之道**

> 对于朋友的批评之辞，不要急于反驳，也不要怀恨在心，应该做到是认真反思，有则改之，无则加勉；对于朋友的赞美之辞，你更要认真地想一想，自己是否名副其实。

# 朋友是自己成长的一面镜子

我们常说：看一个人是怎样的，就看他身边的朋友。的确是这样，我们身边的朋友是什么样子，我们就是什么样子，因为朋友是我们的一面镜子。

在《伊索寓言》中有一个关于驴子的故事：

一个人到集市上去买骡子，他挑中了一头看起来比较健壮的骡子，卖主不停地夸赞这头骡子是多么的能干，这人说："能不能干我自然会知道。"然后又说道："如果这是一头好吃懒做的骡子，我可要退还给你。"

卖主心想：他肯定看不出来，等他看出来的时候我早就回家了，于是就爽快地答应了。

这个人就把骡子牵回自己的家中，然后把它和其他的骡子安排在了一起，让它自己去寻找伙伴。只见那头骡子在骡子群中转了一圈又一圈，然后站在了一只平时不干活只知道吃的骡子旁边。这个人见状，立刻牵起这头骡子回到了集市上，还给了卖主。

卖主很好奇地问他："你怎么知道这头骡子它好吃懒做呢？"

这人就把自己鉴别的方法告诉了卖主。

卖主有些不相信："你这个方法可靠吗？"

这人说道："不必怀疑！以我的经验，自己是什么样，就会选择什么样的朋友。"

这就说明，朋友是我们的一面镜子。但是人类和驴子是不一样的，人类能够把朋友当作镜子的同时，来审视自己，哪里是优点，哪里是缺点，然后从朋友的身上我们能更好地认清自己，所以要利用好朋友这面镜子，来发现我们自己身上存在的不足之处。我们每个人，或多或少都会有些朋友。有多少个朋友，就有多少面镜子。

前几天在肯德基，看到邻桌有两个男孩儿，他们穿着一样的衣服，手里拿着一样的汉堡，就连吃东西的神情都是一样的，我身边的朋友笑着说："你看他们两个人就像是在照镜子。"

我看了看朋友，我们已经有十多年的友情了，看着她就像是在看自己一样，我们之间又何尝不是对方的镜子呢？看到对方穿漂亮的衣服，自己也会想去买；看到对方伤心，自己的心情也会低落；更主要的是，在对方身上发现了自己所没有的长处，自己也会去努力进取。这就是朋友吧，互相做对方的镜子，让对方看到自己的优点和缺点。唐朝的李世民就善于把自己身边的人作为自己的镜子。

唐太宗李世民是一代明君，他之所以能把国家治理得国泰民安，是因为在他身边有一群贤臣，他早晚与贤臣相伴，讨论国家大事，还把魏征视为自己的一面明镜，久而久之，他便成了一代明君，被万人拥戴。

魏征死后，唐太宗说：以铜为镜，可以正衣冠，以史为镜，可以知兴衰，以人为镜，可以知得失。我经常保持着这三面镜子，现在魏征去世了，我少了一面镜子。

当我们以那些优秀、勤奋、颇有成就的朋友作镜子，可以学习他们的品德、觉悟、风范，提高自己的思想境界；可以从他们的奋斗历程中受到鼓舞和启发，增强自己对人生、对生活的信心；可以借鉴他们的成功经验，运用于自己正在进行的事业和工作实践。

"以友为镜"，我们能够知道与朋友的差距，毛病是什么，原因在哪里，如何克服，怎样努力，等等。镜子中的朋友，就是我们的"参照物"，就是我们学习的楷模，就是我们追赶的目标。比如，当我们身边出现优秀的朋友时，我们就会时时鞭策自己，向他们学习，向他们看齐；当我们身边出现一些不那么优秀，甚至是恶劣的朋友时，他们的失败反而会成为我们借鉴之处，当我们遇到他们所犯的错误时，我们就能够避免了。所以说就，"镜子"的作用是不可小觑的。这也是为什么英雄人物都想给自己找一个对手的原因，其实他们是想给自己找一面"镜子"。

你把朋友当镜子，朋友也会把你当镜子。这就要求我们个人要光明磊落，正派为人，注意平常的言语、行为、举止。"以友为镜"，实际上具有约束作用，"镜子"在朋友手里，压力却在我们身上。因为有压力，所以，我们才有进取的动力，时刻提醒自己凡事认真谨慎，不可掉以轻心！

> **井取之道**
> 
> 照镜子原本是女人的专利，但是余光中老先生告诉我们，"以友为镜"，经常对照，男人女人都需要，与性别无关。

# 适度距离，让友情更长久

朋友间的交往，往往是一个彼此吸引的过程。但是无论是再怎么吸引，两个人之间还是会存在差异的，一旦这种差异被发觉，两人之间就会由原来的相互欣赏，到相互容忍，然后就会试图去改变对方。当对方不愿意就此改变的时候，往往矛盾就产生了。其实，在朋友之间，保留一些适当的距离，就好像两棵生长在一起的树一样，只有留出一定的距离，才能更好地进行光合作用，更好地生长。

树林里有两棵小树。当它们还是种子埋在地底下的时候，它们就成为了好朋友。它们约定要做一辈子的好朋友。

春天来到时候，它们发芽了。因为关系要好，它们靠得很近，一同沐浴阳光，一同分享雨露。渐渐地，它们长大了，枝杈都重叠在了一起。这时候，它们不再像以前一样和睦了，因为它们总是被对方影响，导致对方不能够吸收到足够的水分和阳光。整片森林里，它们两个是长得最矮小的。

其实朋友之间就是如此，不是距离越近，就越有利于友情的发展。只有掌握好了彼此之间的距离，才能够既守护对方，又不会影响到对方。叔本华曾对朋友有过这样的描述：人和人之间，就像是寒夜里的豪猪，因为太冷了想靠在一起取暖，但是距离太近了，又会被彼此身上的刺扎痛，所以总是处在两难的境地，试图找到最合适的距离。

大家都应该有过这样的经历：当一个陌生人紧挨着你坐下的时候，你会不自觉地把身体往旁边移动一下。这样的行为或许会引起别人的尴尬，但是却很好地说明了每个人都需要有一定的私人空间。即使是再好的朋友，都不要去侵犯别人的私人空间，因为没有人愿意把自己赤裸裸地曝光在日光灯下。

真正的朋友，不是以友情的名义步步紧逼，给对方的生活加上枷锁，而是尊重对方，给对方留下足够的生存空间。就像贝多芬和舒伯特之间那样。

贝多芬和舒伯特都生活在维也纳长达30年之久，但是这两位世界顶级的音乐家却从来没有见过面。因为舒伯特知道贝多芬是一个生性孤僻的人，所以不愿意贸然造访，即便是献上了自己的曲子，也未曾露过面。

然而，当贝多芬处于生命的弥留之际时，却要人找来了舒伯特，对舒伯特说："我的灵魂是属于舒伯特的。"第二年，舒伯特去世后葬在了贝多芬的墓旁。这对生前只见过一面的好朋友，死后却朝夕相伴在一起。

每一个知道他们之间友情的人，都会被他们之间清淡如水的友情所感动。真正的朋友就是如此吧，不曾相见，不代表友谊的不存在。朋友之间了解对方，帮助对方，关心对方，却不见得要知道对方的多少秘密，多少不为人知的习惯。这样的友情，似乎会因为距离而疏远感情，实质上却因为有了适当的距离而给心灵留下了呼吸氧气的空间。

### 井收之道

对于朋友，不能太过于亲密，否则对方会觉得压力很大，会被你的亲密压得喘不过气，保持一个适当的距离，才能让你们的友情时刻充满新鲜，才能更长久。

# 第六章
## CHAPTER 06

# 拥有感恩之心，
# 你就会在生命中一路发光

感谢我们的父母，因为是他们把我们带到这个五彩缤纷的人间；感谢我们的孩子，因为是他们让我们成为生命的捏塑师；感谢我们的配偶，因为他是唯一最有可能陪我们走完人生旅程的人；感谢一切出现在我们生命中的人，因为是他们为我们的生命描上了色彩。

## 读懂父母的寂寞

这个世界上，有一种爱，亘古绵长，无私无求；不因季节更替。不因名利浮沉，这就是父母的爱。可是作为儿女的我们，又有几个人能够读懂父母亲的那份爱呢？做一道测试题你就能明白了。

某高中的语文老师在上第一堂课的时候没有讲课，而是出了一道选择题来让学生做。题目是这样的。

1. 他说他是这个世界上最爱她的人。可是有一天她遭遇了车祸，脸上留下了深深的疤痕。请问他还会像以前一样爱她吗？A.他一定会 B.他一定不会 C.他可能会

2. 她说这个世界上再也没有谁会比她更爱他。可是有一天，他破产了。请问，她还会像以前一样爱他吗？A.她一定会 B.她一定不会 C.她可能会

答案出来后，第一题有10%的同学选A，10%的同学选B，80%的

第六章　拥有感恩之心，你就会在生命中一路发光

同学选C。第二题呢，30%的同学选了A，30%的同学选B，40%的同学选C。

教授看了学生的答案，笑着说："你们在潜意识里把选题中的男女当成是情侣关系了吧？"

"是啊。"学生们不约而同地回答。

"那现在我来假设一下。如果，第一题中的'他'是'她'的父亲，第二题中的'她'是'他'的母亲。你们把这两道题重新做一遍。屋里忽然变得非常宁静，一张张年轻的面庞变得凝重而深沉。几分钟后，答案出来了，两道题同学们都100%地选了A。

"同学们，"教授的语调深沉而动情，"现在我告诉你们这道选择题的名字叫作'谁是这个世界上永远爱你的人'。"

当你看到这道题的时候，一定也会认为他们是情侣关系，说到爱，我们第一个想到的是"爱情"，其实能够永远爱我们的只有我们的父母。

其实，父母不像我们想象的那么健康，那么长寿，我们一点点长大，他们在一点点衰老。记得上初中时的第一节语文课，语文老师在黑板上工整地写下了一行字"树欲静而风不止，子欲养而亲不待"。意思就是要我们不要等到父母都不在了才想到要去孝顺父母，要趁着父母还健在的时候尽我们的孝心。

朋友上高中住校，每次打电话回家都是要钱，要五百，父母总是会在她要的基础上给她多打两百。因为她父母说女孩子在外，不能缺

199

钱，要不容易受到金钱的诱惑。

上了大一，因为刚离开家，她给家里打电话说不习惯。三个字让母亲彻夜未眠，泪流了一晚，后悔不该让她到离家远的地方上学。大二大三的时候习惯了，交了男朋友，很少往家里打电话了，父母让她多给家里打电话，她嘴上答应了，却没有付出行动。快毕业了她才知道，母亲因为心脏病住了好久的医院，昏迷的时候嘴里还叨念着她的名字。

再后来她工作了，常常给家里打电话，有时候母亲在和邻居聊天说不了几句就挂了，她以为父母终于放心她了，直到又一次出差她忘记了给父母打电话，第二天再打时，才响了一声，电话就被接起，然后就急忙问她是不是生病了，怎么没有打电话回家。过年回家的时候，她感觉到父母明显变老了，父亲甚至有时候开始糊涂，连自己吃过什么饭都不记得……说到这里她已经泪流满面了。

有谁能像父母一样，一样不差地记得我们爱吃的东西，然后在我们回家的那几天变着花样做给我们吃；有谁能像父母一样，关注着自己所在城市的天气预报，自己还没出门就嘱咐自己记得出门带伞；又有谁能像父母一样，清楚地记得我们害怕什么，对什么过敏，什么时候过生日，有什么坏习惯，然后一次又一次不厌其烦地提醒我们呢？

也许你现在的工作很忙，也许你已经成为了别人的父母，也许你正沉浸在恋爱中无法自拔。这个时候请你抽出一点点时间给父母打个电话，也许是简单的几句问候，也许是简单地报个平安，也许仅仅是简单的几句家常，这对父母来说却是一种莫大的幸福。

> **井取之道**
>
> 如果说人这一生最大的财富是什么,我觉得不是金钱,也不是知识,也不是地位,而是我们的父母以及他们对儿女那份无私的爱。

## 不以爱的名义控制对方

"我不许你打游戏。"

"你穿那么少的衣服怎么行呢?必须把这件也穿上,不穿不许出门!"

"你不要出去工作了,我不忍心看你这么累。"

"和你说过多少遍了,吸烟有害健康,不许吸了!"

"你只许爱我一个人!"

"……"

你是不是也对你的另一半说过这样的话,自以为是因为爱对方,所以处处以"正确"的方式来要求对方。这是我们在恋爱和婚姻过程中,经常犯的一个很小却也很大的错误,以爱的名义,控制对方的一切行动。

似乎我们一切都是为了对方好，实质上，这样的行为就是在一点一点地扼杀我们的恋情或是婚姻，直到对方喘不过气离开我们，我们也许都不会知道，这一切都是我们想要控制对方，没有考虑对方感受所致。

林徽因是我国历史上一位很传奇的女性，她的情感经历也一直为人们津津乐道。当年她恋上已有家室的徐志摩，但是顾虑到徐志摩的妻子，她依然选择了退出。

之后，她与著名学者梁启超的儿子梁思成喜结连理，婚后他们一直恩爱有加。他们夫妇二人每周都会在家中举行学术交流的聚会，那时金岳霖始终是他们家的座上客。他和林徽因文化背景相同，志趣相投，交情也深。同时对林徽因人品才华赞美至极，十分呵护；林徽因对他亦十分钦佩敬爱，他们之间的心灵沟通可谓非同一般。甚至梁思成林徽因吵架，也是找理性冷静的金岳霖仲裁。

1931年，梁思成从外地回来，林徽因告诉他："我同时爱上了两个人。"梁思成考虑了一夜之后，告诉她："你是自由的，如果你选择了老金，我祝愿你们永远幸福。"林徽因听后很感动，决定留在梁思成身边，并把梁思成的话转达给金岳霖，金岳霖听后说："看来思成是真正爱你的，我不能伤害一个真正爱你的人，我应该退出。"金岳霖为林徽因终身未娶，一直与梁思成夫妇做最好的朋友。

在恋爱或是婚姻关系中，大多数控制欲很强的人，无论是有意识还是无意识，所采取的强制性行为，都是为满足某种特殊的需求，这种需求可能违背他们本来良好的目的。

人们常常会这样对自己的恋人说："我爱你，所以你也要爱我。""爱"在这里似乎成为了等价交换，这是一种不符合逻辑的想法，因为这两者之间并没有什么直接的关系。试想：如果有10个人这样对你说，那么这10个人你都爱得过来吗？

爱一个人，是给你为那个人做一些事情的动力，而不是给你控制那个人的权利。想对一个人好，或者为一个人做某些事情，都不是拥有一个人的权利，没有谁可以拥有谁。因此，一个人不能控制另一个人，也不能改变另一个人，能够改变一个人的只有他自己。

然而在某些情况下，你要求对方做的改变可能会诱使对方改变，当对方与你的看法一致，并做出一些符合你意愿的事情时，你很容易产生对方已受到自己控制的错觉。正如，你开车行驶在路上，跟在你后面的车并不是受到你的控制而跟着你，他们只不过是碰巧也需要走这条路而已。

当一个人错误地认定对方已经让自己"拥有"了，他就会很自然地以为自己的地位比对方高，有权控制对方，可以向对方提出诸多要求。这份压力会使对方产生窒息感，对方的内心深处会产生反抗的动力，每当气愤时便有抗拒的语言和态度。爱不是给我们权利去控制一个人，要求他的思想和行为必须遵照我们的意愿。如果你存在这种想法，就是你已经把爱当作是一种工具，一种控制他人的工具，就好比一根绳子捆绑着对方，直到对方受不了而离开。那时候，你以为他（她）不再爱你了，实际上他（她）不过是想要摆脱这种控制罢了。

一个爱得太沉的人，容易钻进自己设的牢笼里，会太在乎对方，并倚仗着这份爱去伤害对方。这时候，爱就会变味。

只有正视我们的身上所存在的问题，我们才能做到对人对事适度掌握，而不是强制性地想要控制对方。也只有这样，我们才能在爱中完成自我的成长。

> **进取之道**
>
> 爱一个人不是要求他也爱你；不是要控制他的思想行为；也不是要求他照顾你的人生，以此谋求快乐。

## 亲密关系中的"刺猬法则"

有的人恨不得知道恋人的一举一动，并美名曰"爱"。事实上真的是这样吗？两个人在一起就像是浴缸中两只金鱼，如果浴缸越来越小，小到你们只能在原地游动，那么等待你们的就是缺氧而死，爱情也是如此，靠得太近，就会呼吸困难。

我们来看两个故事：

故事一：

我和老婆结婚三年了，却不知道关于她的一点隐私。每次听哥们说他们经常上女朋友QQ号聊天之类的事情，我就很气愤，为什么我老婆什么都不愿意告诉我？

她有写日记的习惯，经常把自己关在屋子里写，有时候我借故从她身边走过，想顺便偷看一眼，她都会立刻用手捂住。我很好奇她有什么不愿意让我知道的，我们结婚这么久了，还要分出你我吗？有一次我趁她不在家，偷偷拿出她的日记本来看，其实也没有写什么，就是一些心情之类的，这有必要瞒着我吗？我真是想不通。结果她一回来就发现日记本被人动过，哭得一把鼻涕一把泪，还当着我的面把日记本撕个粉碎，不管我怎么赔礼道歉就是不肯原谅我。

我都向她承认错误了，但是她对我冷淡了很多，谁能告诉我该怎么办？

故事二：

我和阿红都是在孤儿院长大的孩子，从相恋到结婚，似乎是一件顺其自然的事情，阿红总是对我说，我是她的唯一，这辈子我只能对她一个人好。

我是大学毕业，阿红是初中毕业。我的工作是中学教师，而她则是商场里的售货员。尽管我们之间相差很大，但是我从来没有在意过，我上大学的时候，阿红为我付出了很多，对此我十分感激。然而，自从有了孩子以后，阿红就变了，她总是怀疑我对她不忠。为此，每天回家她都会查看我的手机短信和通话记录，还会查看我的钱包，每一分钱的去向她都要掌握。最让我无法忍受的是，当我看到自己喜欢的女明星时，她都会不高兴，故意找借口换台。

这样的婚姻让我喘不过气来，直到学校转来一名年轻的女教师，她的开朗和活泼让我觉得自己的生活多了一些色彩。

婚姻是一个整体，但是这个整体中的婚姻双方又是一个个体，如果不给对方私人的空间，就会使对方想要逃离。爱就好比抓在手中的沙，想要抓得多，手就不能握得太紧。

婚姻中的双方存在着一个安全距离，这个距离会让我们感到最为温馨和舒服，这是一种"亲密有间"的关系。这个距离到底控制在什么程度呢？生物学家曾做过这样一个实验。

在寒冷的冬天，把十几只刺猬放在露天的空地里，不一会儿，刺猬便冻得发抖，为了取暖，它们不得不紧紧地聚拢在一起，但是很快又分开了，因为它们身上长长的刺会扎到彼此。可是不一会儿，它们再一次受不了寒风的侵袭而聚在了一起，然后又不得不分开。这样不断反复，直到它们找到一个最佳的距离，既不会扎到彼此，还能够相互取暖。

心理学家后来借用这个实验，作为人际交往中的一个准则，即"刺猬法则"。

婚姻中的双方通常希望彼此之间能够保持"亲密无间"的关系，但是这基本上是不可能的。很多时候我们靠得越近，彼此的伤害也就可能越深。只有找到一个合适的距离，既能让对方感受到自己的爱，又不会伤害到对方。

故事一、二中的行为都属于侵犯对方隐私的行为，这对于注重保护自己隐私的人来说是不可饶恕的。为什么你一定认为对方有自己的隐私就一定是有事情瞒着你呢？这是因为你缺乏安全感，不信任对方，非要掌握对方的一切，否则就惴惴不安，心里七上八下，甚至吃不下饭睡不着觉……只有知道了对方的一切才能相信对方。实际上这样的行为是在自寻烦恼。

那么，我们要怎样做才能既做到尊重对方的隐私，又保护自己的隐私呢？

首先，做好自己的保密工作。

人们常常有这样一个误区，如果自己有事情瞒着对方，就是欺骗对方的行为。实际上并不是这样，有些事情即便是不说出来也不会形成欺骗他人的行为，或者也没有必要全部吐露出来，可以作为自己的隐私范畴保护起来。例如，你连续几天都和同一个异性同事吃饭，这本不是什么大不了的事情，因此没有必要事无巨细地禀报。只有拥有保护自己隐私的意识，才能养成尊重对方隐私的习惯。

夫妻间坦诚相待很正确，但并不是没有选择性地全部都告诉对方。首先要检视一下自己的动机。如果你是因为想要减轻心中的罪恶感或是想借此增加对方的痛苦，那么最好还是不要开口为妙。想要诚实，也要选对时间，选对气氛，并且要知道那是不是在对方的接受范围之内。

其次，尊重对方的隐私。

窥探他人的隐私是一件极具诱惑性的事情，在婚姻中的双方都急于了解对方的想法，尤其是当夫妻双方缺乏交流的时候，就更加想要知道对方心底的秘密、碰触一些他向来回避的话题、或是侵犯对方的私人禁地（如偷看日记）。然而，这些举动不但不会让你更加了解对方，还会让你成为阴暗的小人，他不但不会和你交流，反而会把自己的"围墙"砌得更高，砌得更厚。

如果你确实认为对方对你有所隐瞒，你完全可以用理性的方法来解决，例如和他谈心，引导对方说出你想知道的事情。但是也别期望对方会把所有的心事都告诉你。因为也许有些事情与你无关，或者是对方顾虑到你的情绪，不想你受到伤害或是使你感到为难。

> **井取之道**
>
> 郑板桥有句名言是"难得糊涂"，事实上的确如此，有些事情知道真相比不知道好，不去事事追根究底，反而会生活得更加快乐。

## 温柔地原谅

当你讨厌一个人，或是憎恨一个人的时候，你会发现，每次见到他，你的心里都有一团怒火，就算之前你有很高昂的情绪，也会随着那个人的到来而被破坏。

讨厌和憎恨，是要投入愤怒、痛苦、时间、精力等一系列不美好的情感，这些情感会严重影响到你的心情，而这对于你讨厌或是憎恨的人来说，他们并没有什么损失。所以说，原谅别人也是对自己的一种释放。生活中，我们对陌生人常常都能做到原谅。

故事发生在二战期间。一支精锐部队在丛林中遭到了敌人的埋伏，虽然作战骁勇，但是却因为寡不敌众而几乎全军覆没。唯一死里逃生的是两个平时关系最好的战友，安德森和杰瑞。从敌人的枪林弹雨之中能够捡回一条性命，已经是不幸之中的万幸了。

可是，凭借着坚强的求生意志，两人并没有止步于此。他们明白，在热带丛林之中，只有两个人是不可能走出去的。他们需要面对的，是比敌人的子弹更可怕的丛林。这里有复杂到无以复加的地形，这里有各种随时都可能出没在你身边的野兽和毒虫。然而，另一个更为迫切需要解决的问题是，他们的饮用水和食物正在逐渐减少。在丛林中多待一天，他们就要多消耗一些体力和食物，这也意味着他们离死神又近了一步。

已经记不清楚过了多长时间，雨林中潮湿闷热的环境让两个人的精神到了几近崩溃的边缘。他们俩还在坚持着。

安德森摸了摸自己的口袋，回头告诉杰瑞不用担心，还有最后一块鹿肉足以让他们坚持下去，直到走出这片丛林，找到大部队。

10余天过去了，仍然没有与部队联系上。他们仅靠身上仅有的最后一块鹿肉维持生存。再经过一场激战，他们巧妙地避开了敌人。刚刚脱险，走在后面的杰瑞竟然向走在前面的安德森开了枪，子弹打在安德森的肩膀上。

开枪的杰瑞害怕得语无伦次，他抱着安德森泪流满面，嘴里一直念叨着自己母亲的名字。安德森碰到开枪的杰瑞发烫的枪管，怎么也不明白自己的战友会向自己开枪。但当天晚上，安德森就宽容了杰瑞。后来他们都被救了出来。

此后30年，安德森假装不知道此事，也从不提及。安德森后来在回忆起这件事时说：战争太残酷了，我知道向我开枪的就是我的战友杰瑞，知道他是想独吞我身上的鹿肉，知道他为了他的母亲而想活下来。直到我陪他去祭奠他母亲的那天，他跪下来求我原谅，我没有让他说下去，而且从心里真正宽容了他，于是，我们又做了几十年的好朋友。

在人生的道路上，人们总是不可避免地遇到人际间的摩擦、误解和恩怨，和陌生人、朋友之间是如此，和自己的家人之间也是如此。如果你不能做到原谅别人，你的生活只会是如负重登山，举步维艰，直至把未来的路堵死。相反，如果你选择了原谅他人的过错，你就可以继续你的幸福之路，慢慢地就会把曾经记恨的东西忘掉。这对我们来说何尝不是一种自我解脱呢？

雨果说：在这个世界上，最宽阔的是海洋，比海洋宽阔的是太空，比天空宽阔的是人的胸怀。原谅一个人的错误，是胸怀宽阔的表现，是值得人称赞的美德。可是在生活中，我们往往能够做到对陌生人的原谅，却对自己家人所犯过的错误念念不忘。

刘邦平定天下之后，大封功臣。他手下的大臣，以前有恩于他的人，甚至他的仇人都封了王。唯独自己的亲侄子，没有任何官位。刘邦的父亲替孙子打抱不平，拄着拐杖来质问他，说："为什么你的仇人你都封了王，就是不封你的侄子呢？"

刘邦听了，回答说："我侄子这孩子不错，就是他妈妈不怎么样。"

原来刘邦年轻时，一直在家里游手好闲，不干活，只知道向父亲哥哥要钱，就相当于现在的"无业游民"。有一天，刘邦又上他哥哥家蹭饭吃去了，他嫂子很生气，于是敲着锅对他说："没有饭了。"

刘邦知道嫂子是在骗他，来之前他就扒着门缝看见嫂子刚刚做好了一锅饭。从那以后刘邦就憎恨起了嫂子。现在又把这种仇恨传递到了自己侄子的身上。

刘邦的父亲听了以后，教训刘邦说："你的那些仇人，当初个个都是想害你性命的，这些人你都能原谅了。为什么为了一口饭，你就一直耿耿于怀呢？"

刘邦回答："这件事对我伤害太大了，直到现在想起来，我的心还痛呢！"

连自己的仇人都可以原谅，却偏偏不能原谅自己的亲人。古语有云："亲人恩容易忘，亲人仇仇上仇"。这是因为我们对自己的亲人付出的感情要比仇人多得多，当受到来自亲人的伤害时，也要比仇人的伤害来得更深。

刘邦不能原谅自己的侄子，是因为他的心中曾深深爱着他的亲人，而亲人却伤害了他，所以无法原谅他们对自己的伤害。既然是因为爱，那为什么还要让仇恨来侵蚀我们的亲情呢？我们对外人慎言慎行小心翼翼，但对亲人却敏感易怒。在外面压力大了，脾气对着最亲的人撒。于是，渐渐地，越是亲近的人，越是变得面目可憎，外人倒愈加显得亲近贴心起来。在外面越来越顺，于是就更加埋怨起身边人的种种错处来。当一切烟消云散，亲人纷纷离开自己时，回头反思，怎么后悔都来不及了。原谅别人，不光是要原谅曾经伤害你的人，更要原谅自己的亲人，不要因为他们是你最亲的人，就觉得更应该对你千般万般的好。这样的前提是，你自己首先是一个懂得宽容的人。

　　学会原谅我们身边的人，尤其是我们的家人，这样我们才能令我们的家庭更加幸福，即使"月亮脸上也长满雀斑"，我们又何必去计较别人的过错呢？对自己的家人宽容，就等于宽容自己。

### 进取之道

> 有人说：要有多勇敢才会对别人犯下的错误念念不忘？是啊，怨恨需要付出的代价太大了，首先就是我们的快乐。这样的代价，我们是支付不起的，不如选择去遗忘。

## 爱要勇敢说出口

"爱"是一个抽象的词，是人类最复杂，也是最伟大的情感。但是这种情感往往会因为缺乏一个正确的表达方式而引起曲解，或者是得不到别人的肯定，甚至在你自己心里爱到洪水都泛滥了，对方依然没有任何感觉。所以，如果爱，那就要说出来，就要把自己的感情表达出来；不说，那么你爱的人怎么知道你的感受呢？家人之间，尤其是父母和孩子之间，有爱，就要说出来。

记得刚刚上中学的时候，学校组织过一次活动，参加者就是学生和家长。在这个活动之前，每个老师都给学生安排了一篇作文，题目是"爸爸（妈妈），我爱你"，要求内容真实。因为是写作文，同学们都把自己内心深处对父母的爱表达了出来。

作文写好以后，老师看过之后并没有批改，而是让学生把作文带到了活动的现场。要求每个学生都上台把自己作文念给台下的父母听。第一个学生上去了，对着从未开口说过"我爱你"的父母面前。这个学生不好意思了，在老师的一再鼓励下，他才缓缓地念了起来。

念毕，老师让这个孩子的家长上台发表感慨，这位家长说道，自己只知道自己有多爱孩子，没想到，自己在孩子心里那么重要。说完，竟感动得掉下了眼泪。

那个活动最终成为了一颗"催泪弹",大部分家长都被自己孩子的爱所感动。如果不说出来,家长永远不会知道,尽管有时候孩子会不懂事,会惹他们生气,甚至和他们吵架,但是在孩子的心中,更多的还是对父母的爱。爱,就是要说出来,留在心里生了根,发了芽,结出再美丽的果实,也是在心里,别人怎么会看得到呢?在亲人之间是如此,在爱人之间也是如此。如果两个人彼此心中都有爱,但都没有说出口,那么就会错过了彼此的心,错过了彼此一世的感情,错过了彼此的一辈子。每当小说中男女主人公因为羞于表达自己的爱情而错过时,我都会为他们感到惋惜不已。记得当初在看《钢铁是怎样炼成的》的时候,很为保尔·柯察金和丽达之间错过的爱而惋惜。

既然爱了,为什么不让对方知道?不要把爱埋藏于心底,就算你不擅长表达,但至少也要让你心爱的人知道你喜欢他(她)!说出口,还有一半的机会,如果不说,就连这50%的机会也没了,该出口时就出口,不要因为一时的胆怯而悔恨终生啊!至于结果,不重要。相对于保尔,列宁就用他的勇敢赢得了自己的爱情。

当列宁爱上美丽的克鲁普斯卡娅时,就直截了当地对她说:"请做我的妻子吧!"克鲁普斯卡娅一直爱慕列宁,听到列宁这样直白的示爱,当然更加无法抗拒地接受了列宁。列宁毫不掩饰的爱意,诚挚而打动人心,让克鲁普斯卡娅看到了他那颗忠诚的心。

真正的遗憾,是不曾争取过,把心中的爱勇敢地说出口吧,不要等到走过了,才后悔有些话曾经不敢说而藏在心底,而今只能远远地看着。有些感情一旦错过了就像海洋里的水不知漂向了何方，错过的东西永远都是人们遗憾、憧憬、所祈求的。

> **井取之道**
>
> 　　把爱说出口，这样才对得起自己。人生无常，学会珍惜，学会把爱说出口，是我们一生的功课，这样才会少一些遗憾。

## 相互欣赏是爱情的"保鲜膜"

　　生活就是一首锅碗瓢盆的交响乐，要想敲打出动听的音乐，可不是想象中那么简单，那是一首很难演奏好的音乐，只有会欣赏它的人才会用心去聆听，并用善意的批评提出自己的见解，才能让音乐不断得到完善。

　　常听到身边的朋友会这样抱怨自己的丈夫或是妻子：结婚前他（她）多好啊！没想到结婚以后就变成这样！言外之意就是抱怨对方不如结婚前好了。实际上，并不是婚姻吞噬了人原有的优点，而是每个人看待对方的眼光，在婚前婚后发生了截然不同的变化。这时候，"爱情还在不在？婚姻还要不要继续维持？"就成了生活的主旋律。怀着这样的心情去对待自己的丈夫和妻子，只会让你们的婚姻更快地走向尽头。

一个名叫皮格马利翁的雕塑师，他十分欣赏自己精心制作的爱情雕像，欣赏其每一个部位，欣赏她迷人的表情，以至于爱上了她。皮格马利翁恳求维纳斯，请她为自己所欣赏、钟爱的石制雕像赋予生命。最后，雕塑师和自己的作品喜结连理。

只有欣赏得深才会恩爱得深，而恩爱越深，相互欣赏的东西也就会越来越多。欣赏对方，这不取决于地位、不取决于财产、不取决于长相，因为才能有高有低，美貌也总会消逝，财富只有自己创造出来的才更有意义。欣赏对方，更主要的是取决于内在的学识、外在的修养、处事的方式方法、工作的能力水平，只有在这些方面不断地提高完善充实自己，让自己永远成为爱人眼中站立者的形象，并不一定是对方的才貌，当然，欣赏应是多方面的，或秉性温柔，或相知相悦，或勤劳朴实，或幽默风趣……只要善于挖掘出对方的优点，夫妻之间就能相互欣赏。

和他结婚快10年了。别人说她嫁了一个好丈夫，不抽烟、不喝酒，更不花心，是男人中的典范。但她觉得自己的丈夫相貌平平，也不懂浪漫，尤其随着年龄增长，身体也开始发福，实在看不出有何特别之处。为此，她甚至动过离婚的念头，后悔当初自己对爱情太过草率。

周日的一天，同事夫妻约她和老公外出游玩。全程下来，老公对她的细致照顾，与自己同事之间的风趣交流，都让同事格外欣赏。

同事羡慕地对她说："你可真有福气，大小装备都是他背着，渴了他给你拿水，热了给你找遮阳帽，一路上眼睛就没离开过你啊！"

此时，她的内心有了触动，忽然觉得自己的老公正如同事所说：谈吐幽默，脾气好，懂得照顾别人。她甚至想起日常生活中的点点滴滴，原来自己之所以没有生活中其他女人的那些琐碎烦恼，就是因为有一个背后默默为她付出的好男人。

每个人都会羡慕她有一个这样的老公，其实我们身边的那个他（她）又何尝不是这样的呢？为什么热恋时候，就能够相互欣赏，两个人在一起总是那么甜蜜而又温馨，结了婚以后就都变了呢？其实不是你们的爱情不在了，也不是该结束这段婚姻了，而是因为婚后的"世界"逐渐清晰，生活中的琐事也蒙蔽了双方相互欣赏的目光。

爱就是相互间的欣赏。只有彼此欣赏，那么从他们身上迸发出的火花才够强烈。你爱的一个人，可能在别人眼中不是最好的，但她（他）肯定有一点是最值得你称赞的，而恰恰是这一点，才会吸引到你。所以为夫为妻，或贫或富，都要相互欣赏，只有这样，才能给让你们的爱情时时充满新鲜感。

### 井取之道

欣赏的力量是神奇的。爱情的真正魅力在于相爱的人相互欣赏。人的一生，是在表演一场没完没了的戏剧，需要欣赏。如果没人欣赏，表演就失去了意义。

## 把亲人种在心里

我们总是把幸福挂在嘴边,却很难给幸福下一个定义。幸福有时候很简单,有亲人的人,就是幸福的。有亲人,在这个世界上,你管你走到哪里,都有人关心着你,惦记着你;有亲人,只要你感觉到累了,倦了,总有一个怀抱属于你。

然而这个世界上,总有一些人不如我们幸运,当我们肆意地挥霍着亲人给我们的爱时,有的人却连做梦都想得到亲人的爱。

亲情,是不需要用太多的华丽辞藻去修饰的,也不需要每天挂在嘴边去念叨的。亲情需要我们把它放在心里,就算是经过岁月无情的洗礼,不会失去光芒的。就像是苏轼写过的一首词"十年生死两茫茫,不思量,自难忘。千里孤坟,无处话凄凉。纵使相逢应不识,尘满面,鬓如霜。夜来幽梦忽还乡,小轩窗,正梳妆。相顾无言,唯有泪千行。料得年年肠断处,明月夜,短松冈。"记得当年学这首诗的时候,只看了两遍,就深深地记住了。苏轼和他妻子的感情,已经在岁月的沉淀中渐渐升华为亲情了。这种不常想起,却从来不会忘记的感情深入到了人心。

亲人对我们的付出是不求回报的,是无怨无悔的。他不如情人的感情来得那般迅猛;也不如朋友的感情来得那样绵延;可是他却是陪伴我们一生的，用细水长流的感情，滋润着我们的生活。也许也正是因为这样，亲人才总是会被我们忽略。当你每天忙忙碌碌的时候，请你算一算，这一天，这一个月，乃至这一年，你陪在父母，妻子或是老公，孩子还有兄弟姐妹身边的时间是多少呢？

亲情是这宇宙间最无私的情感。亲情是岳飞的母亲满怀期望地在其背上刻下的"精忠报国"；是孟子的母亲为其更好地成长而费尽苦心地"三迁"；是朱自清的父亲翻越栅栏时留下的那个蹒跚的背影……亲情就这样无时不在，它容忍着人们的遗忘和把它看作理所应当。

那晚，佳妮跟妈妈吵架之后什么都没带，就只身往外跑。可是，走了一段路，佳妮发现，她身上竟然一毛钱都没带，连打电话的硬币也没有！她走着走着肚子饿了，看到前面有个面摊，香喷喷的味道飘来，好想吃！可是，她没钱！

过一阵子后，面摊老板看到佳妮还站在那边，久久没离去，就问："姑娘，请问你是不是要吃面"？

"可是……可是我忘了带钱。"佳妮不好意思地回答。

面摊老板热心地说："没关系，我可以请你吃。"

不久，老板端来面和一些小菜。佳妮吃了几口，竟然掉下眼泪来。

"姑娘，你怎么了？"老板问。

"没有什么，我只是很感激！"佳妮擦着泪水，对老板说道："你是陌生人，我们又不认识，只不过在路上看到我，就对我这么好，愿意煮面给我吃！可是……我自己的妈妈，我跟她吵架，她竟然把我赶出来，还叫我不要再回去！"

"你是陌生人都能对我这么好，而我自己的妈妈，竟然对我这么绝情！"

老板听了，委婉地说道："姑娘，你怎么会这样想呢！你想想看，我不过煮一碗面给你吃，你就这么感激我，那你自己的妈妈，煮了十多年的饭给你吃，你怎么不感激她呢？你怎么还要跟她吵架？"

佳妮一听，整个人愣住了！

是呀！陌生人的一碗面，我都那么感激，而我妈一个人辛苦地养我，也煮了十多年的面和饭给我吃，我怎么没有感激她呢？而且，只为了小小的事，就和妈妈大吵一架。匆匆吃完面后，佳妮鼓起勇气，迈向家的方向，她好想真心地对妈说："妈，对不起，我错了！"

当佳妮走到巷口时，看到疲惫、着急的母亲在四处地张望。看到佳妮时，妈妈就先开口说："宝贝，赶快回去吧！我饭都已经煮好，你再不赶快回去吃，菜都凉了！"

此时，佳妮的眼泪，又不争气地掉了下来。

有时候，我们会对别人给予的小惠"感激不尽"，却对亲人、父母的一辈子恩情"视而不见"。

也许，生活的步履过于匆忙而使我们忘却了对身边的亲人说一些感激的只言片语，往往等到我们觉察到时已经后悔莫及。现在，不妨让我们停下脚步，怀着一颗感恩的心，对他们说一声感谢。感谢他们把我们带到这个世间，感谢他们培育我们健康成长，感谢他们让我们得到这世间一切美好的东西。

失去了工作我们可以再找，没有挣到的金钱，我们还可以再挣，可是失去的亲人，那就是永远也无法挽回的。把亲人放在自己的心里，常常惦记着他们，一如他们惦记我们一样。

> **井取之道**
>
> 珍惜你的亲人吧，每一个和你有血缘关系的亲人，把他们种在自己的心里，不需要多大的位置，但一定要是最重要的位置，夜深人静想起他们的时候，你才会觉得幸福。

## 曾经爱过，就是美好

我相信在每个人的生命中，都会有一个自己曾经深深爱过的人，也许你们已经开花结果，也许你们已经退回到朋友的身份，或许你们已经成为了彼此生命中的过客，但是不管是什么情况，曾经爱过，就是一种美好。不要为了逝去的而惋惜，也不要为了没有得到而悔恨，因为曾经拥有过就是幸福。

萧亚轩有一首歌叫作《最熟悉的陌生人》，里面有一段旁白是：分手后，不能做敌人，因为曾经深爱过；也不能做朋友，因为曾经彼此伤害过。于是，我们就成了这个城市中，最熟悉的陌生人。这首歌唱出了很多人的心声，其实，已经过去的事情，为什么还要去计较呢，总是抓着爱的名义，不肯放手，自己也不会快乐。曾经的恋人，也许不是陪你走过这一生人的，但是你们曾经快乐过，曾经幸福过，他（她）曾陪你走过人生的一段路，你的那段路上就是开满了鲜花的，你的青春岁月里就不是一张白纸，会因为他（她）的出现，而渲染出美丽的图案。

大学时，教我们社会学说的教授，是一个谦和、睿智而又儒雅的男人，他的风度吸引了很多女生的目光，这其中就有我的朋友。但是这个老师有一个美满的家庭，而他也是一个好男人，对于一群情窦初开的青春少女，他始终保持着适当的距离。

朋友的容貌在班级里是数一数二的，成绩也是佼佼者。遇到不懂的问题，她会向老师请教，两个人经常一谈论，就谈论到教学楼关门；他们也会一起出去吃饭，只是从来都会叫上其他的同学；她也会到他的家里去做客，真心地称赞他妻子的贤良淑德。

转眼间，朋友要毕业了。留言册在同学之间传来传去，最后，朋友把自己的留言册给了老师，希望能得到他的只言片语。留言册在老师那里整整放了三天，才到她的手里，当她看到留言册的时候，在寝室中放声大哭，只见上面写着一首席慕容的诗："不是所有的梦都来得及实现，不是所有的话都来得及告诉你，内疚和悔恨，总要深深地种植在离别后的心中。你是聪慧如兰的姑娘，我想你亦懂得我的内心，距离总归是美，未来广阔，你有比我更好的未来，更幸福的归宿。"

很多年后，我再问起我的朋友，她说他们现在还是朋友，只是在逢年过节的时候问候一下。他和她都各自有着自己幸福的生活，对于曾经的那段感情，从来没有觉得遗憾，有的只是美好。

不要在过去的感情中流连忘返，也不要认为那是一段难以启齿的伤痛，其实那只是你人生中的一个阶段，只是每个人的稍有不同罢了。但是结局总是一样的，那就是因为曾经爱过，你的生活才会更美好。让每一段曾经的恋情和曾经的恋人，都站在你生命中的那一个阶段，偶尔回头看看，那是你走过的人生。然后转过头，继续你现在的生活。

当时过境迁，物是人非后，我们应该记住曾经的那些美好，忘记那些伤害。只有这样，你才能全身心地享受现在的生活，体味现在生活中的美好。当再次在拥挤的街头相见时，面对曾经的恋人，不要再装作素不相识，给对方一个微笑，我想对方会明白这笑容中所包含的含义，那就是希望你幸福，希望你拥有幸福。

### 井取之道

相濡以沫，不如相忘于江湖。曾经沧海难为水，除却巫山不是云。曾经一起走过，就算没有办法走到最后，留下的回忆也是美好的。

## "感恩"是张通行证

人的一生中，需要感谢的人很多，一直给我们关怀的家人，陪伴我们终生的爱人，和我们惺惺相惜的知己……除了这些经常出现在我们身边的，还有一些人是需要我们去感谢的，比如，曾经授予我们知识的老师，比如曾经给予我们帮助的陌生人，甚至是那些促进我们成长的对手。

首先，我们应该感谢我们的父母，是父母给了我们生命，是他们将我们养育成人，给了我们这个世界上最伟大而崇高的亲情；感谢我们的兄弟姐妹，是他们让我们体会到了什么是手足情深；感谢我们的儿女，是他们给我们带来了生命的活力。

同时，我们也要感恩我们身边的朋友，"岁寒知松柏，患难见真情"。真正的朋友，是我们坚实的依靠。我们还应该感恩我们的老师，因为是他们为我们打开了知识的宝库，为我们照亮了人生道路的灯塔，给了我们在人生大海上奋力拼搏的船桨。

其次，我们应该感谢那些曾经出现在我们生命中的陌生人，虽然他陪伴我们的时间很短暂，也许只是一段行程，也许只是一个瞬间，但是在那一刻他们曾经给过我们温暖。感恩我们的亲人朋友，是因为我们之间的付出是相互的。

而对于陌生人，当他们付出自己的一点情感时，会更加显得弥足珍贵。来自一个陌生人的爱，也许不会长久，但是留在我们心中的感动却是永远的。当你摔倒时有人扶了你一把，当你哭泣时有人递给你一张纸巾，当你无助时有人伸出了援助之手。请你一定要记得，回报给他们一个灿烂的微笑，并记住每次想起来时，要在心里默默地感谢他们。

最后，我们还要感恩那些曾经伤害过我们的人。记得《海阔天空》这首歌中，有一句歌词是这样的"冷漠的人，谢谢你们曾经看清我，让我不低头，更精彩地活。"当我们被人伤害，被人背叛，被人欺负时，当时的心情肯定是糟糕的，甚至会恨那个人，可是当这件事情过去以后，你会发现，正是因为他们的伤害，你才能站得更笔挺，活得更坚强。

> 我问自己的朋友，恨不恨从前的男朋友。她笑了笑说："不恨了，甚至有些感谢他。如果不是他狠心地伤害，我也不可能成长得这样迅速。"谁也不曾想到，今天说出这番话的她，曾经为了那个男人自杀过，甚至想要同归于尽过，被学校处分，被公安局扣留，被家长指责，可谓是一切灾难都因为那个男人的花心而引起。

时过许久以后，曾经的伤害，就变成了成长剂，鞭策着朋友不断地长大，不断地成熟。

只要我们能够拥有一颗感恩的心，它就可以提升我们的心智，净化我们的心灵。感谢我们生命中的那些人，不仅仅是想着要报恩，有些恩情更不是我们等量回报就能够一笔还清的。唯有我们用纯真的心灵去感动，去铭刻，去永记，才能真正对得起给我们恩惠的人。

感恩是一种责任，是为人处世的哲学，是生活的智慧，更是爱的花朵。心怀感恩，希望才会飘落人间；心怀感恩，幸福才会萌生心田；心怀感恩，世界会变得更温暖而美丽；心怀感恩，生命会时时充满活力和诗意。就让我们怀揣一颗感恩之心，并时时献出一份爱心，让更多的人享受幸福吧！

### 获取之道

心中充满恨的时候，你看到的世界只可能是黑色的或者是黑色的，当你心中充满爱的时候，你的世界才是五彩缤纷的。